JN268045

数学基礎コース＝S10

理工系 確率統計

－データ解析のために－

中村　忠・山本英二　共著

サイエンス社

サイエンス社のホームページのご案内
http://www.saiensu.co.jp
ご意見・ご要望は　rikei@saiensu.co.jp　まで.

まえがき

　本書は理系・情報系の大学1,2年生が学習できることを念頭において書かれた確率論および統計学の入門書である．

　予備知識としては高校の数学程度の知識があれば，学習可能であるように書いたつもりである．本書は確率論（第I部）と統計学（第II部）の2部から構成されている．第I部の確率論では，統計学の修得を目的として，確率論の基本的な部分をある程度理論的に議論している．その理由はうわべだけの記憶では実際の現象をモデル化したり解析したりすることが難しいという経験上の判断からである．簡単な数学的証明は理解を深めるためにつけている．一方，むつかしい数学的証明は逆に進度や結果の理解を妨げるので，省略している．その代わりに例題等で理解できるように心がけた．第II部では，確率論で学んだ諸概念，諸結果がどのように統計学に応用されるかを簡単な例を挙げながら，基本的な統計的考え方および統計手法をわかりやすく説明している．本論を通じて，数学的な証明を理解する必要はないが，そこに導入されている諸概念や結果を正しく理解・応用できれば十分である．

　今日，多くの分野（情報，工学，経済学，医学，農学，環境等）で，データ処理の道具として各種統計的手法が役立っている．このような状況を考えると，統計的考え方，手法およびその基礎を支える確率論の初歩程度の理解を身に付けておけば将来社会人となったときに何かに役にたつと思われる．本書が，確率および統計の考え方・手法の理解・修得の入門書として役立てば幸いである．

　柴田和先生（広島大学）から本書を作成する機会を，また本書の一部原稿に対し，柳貴久男先生（岡山理科大学）から貴重な意見をいただいた．最後に，サイエンス社の田島伸彦氏には本書の原稿の遅れなど大変ご迷惑をかけたにもかかわらず忍耐強く激励してくださった．また鈴木綾子氏には校正等でお世話になった．ここに心より感謝したい．

2002年1月

著　者

目　次

第Ⅰ部　確率論　　1

第1章　確率とは　　2
- **1.1** 現象の数理的表現法 2
- **1.2** 事象とその起こる割合 6
- 練習問題 15

第2章　条件付き確率　　16
- **2.1** 条件付き確率 16
- **2.2** 事象の独立性 21
- **2.3** ベイズの定理 22
- 練習問題 26

第3章　確率変数と分布関数　　27
- **3.1** 確率変数 27
- **3.2** 確率密度関数と確率関数 30
- **3.3** 確率分布関数 34
- 練習問題 38

目　　次　　　　　　　　　iii

第4章　確率変数の平均値と分散　　39
4.1 離散型確率変数の平均値と分散 39
4.2 連続型変数の平均値と分散 43
4.3 確率変数の独立性 44
　練 習 問 題 48

第5章　いろいろな確率分布　　49
5.1 離散型確率分布 49
5.2 連続型確率分布 63
　練 習 問 題 75

第6章　積率母関数　　76
6.1 母関数とは 76
6.2 積　　率 80
6.3 積率母関数の性質 82
6.4 各種確率分布の積率母関数 85
　練 習 問 題 90

第7章　大数の法則　　91
7.1 いろいろな収束 91
7.2 大数の法則 94
　練 習 問 題 97

第8章　中心極限定理　　98
8.1 漸 近 分 布 98
　練 習 問 題 104

第 II 部　統　計　学　　105

第 9 章　点推定と評価　　106
- **9.1** 推定値と出現確率 106
- **9.2** 統計的モデル 109
- **9.3** 推定量の評価基準 111
- **9.4** 正規母集団 116
- 練習問題 119

第 10 章　推定値の構成法　　120
- **10.1** モーメント法 120
- **10.2** 最　尤　法 121
- 練習問題 125

第 11 章　区間推定　　126
- **11.1** 信　頼　区　間 126
- **11.2** 平均 μ の区間推定（分散既知） 127
- **11.3** 平均 μ の区間推定（分散未知） 129
- **11.4** 出現確率 p の区間推定 131
- 練習問題 133

第 12 章　検　定　法　　134
- **12.1** 標本に基づく判断 134
- **12.2** 統計的検定法 135
- **12.3** 有意水準，棄却限界値と p 値 138
- **12.4** 平均 μ の u 検定 141
- **12.5** 平均 μ の t 検定 144
- 練習問題 146

目　次　　　　　　　　　　v

参 考 書 147
練習問題の解答 149
付　　表 158
索　　引 173

第 I 部

確 率 論

　1個のサイコロを何回か振ってみる．振るたびにでる目の数は違うことは誰しも経験している．一見でたらめにみえる現象であるが，振る回数を多くすると偶然の法則に支配されていることがわかる．このように偶然の法則に支配される現象をランダムな現象という．このサイコロで賭け事をしている人がいる場合には，その人にとってどの目がでやすいかを知ることは重大なことである．どの目がでるかわからないので何も考えないという人はよっぽど欲のない人である．何の目が起こるか確実に当てることはできないにしても，その目の起こりやすさの度合いを知るお墨付き（基準）があれば都合がよい．このお墨付きを与える役割をするのが本部の主題である"確率論"である．確率論はランダムな現象を伴う実験を基礎に展開される数学的理論である．従ってその応用分野は工学，医学，農学等多岐にわたる．

第1章

確率とは

ランダムな現象を伴う実験やその結果から種々の性質や傾向を調べ，その後何らかの行動をするというのが通常のやり方である．これを可能にするには確率を用いた論理的な議論の展開が必要である．本章では確率を学ぶとき最初に出会う基本的な考え方・諸概念について解説する．

1.1 現象の数理的表現法

1個のサイコロを振る実験を考えよう．この実験において得られる個々の場合としては，"1の目がでる"，"2の目がでる"，…，"6の目がでる"の6個がある．また，実験において起こり得る事象として，"2または3の目がでる"，"偶数の目がでる"，"1から6までのどれかの目がでる"といったものが考えられる．実験をする前にどの目がでるかを推測するとしよう．どのような方法でそれを推測するのか？採用された方法で，"3の目がでる"ということになった場合，それはどの程度当たるのであろうか？このような問題を数理的（客観的）に解析しなければ誰もその結果を信用しない．そのためには実験というものを数理的にモデル化するというのが一般的な取り組みである．ではどのようにモデル化するのか？以下これについて述べる．

ランダムな現象を伴う試行において観測される個々の場合の全体を**標本空間**といい，記号で Ω とかく．この個々の場合を**単一事象**（または根元事象）という．高校数学Iで習ったように，**集合**とは"属すか否かが明確であるような集まり"のことである．従って標本空間は集合である．この理由で，試行の結果起こる事象に関する種々の定義，操作等は集合および集合に関する用語（要素，属す，部分集合等）を用いて表すことができる．単一事象は標本空間 Ω の1個

の要素からなる部分集合として表される．単一事象でない事象を**複合事象**という．複合事象は 2 個以上の元からなる Ω の部分集合として表される．何も起こらないということも事象とみなし，これを**空事象**という．必ず起こる事象を**全事象**という．全集合を標本空間と同じ記号 Ω で表す．空事象を記号 $\emptyset$ で表す．

例 1.1 1 個のサイコロを振る実験を行う．記号 ω_i （オメガ　アイと読む）は個々の場合である "i の目がでる" という単一事象を表すことにする．そうすると，標本空間 Ω は $\{\omega_1, \omega_2, \omega_3, \omega_4, \omega_5, \omega_6\}$ であり，単一事象は $\{\omega_1\}, \{\omega_2\}, \cdots, \{\omega_6\}$ である．複合事象としては $\{\omega_3, \omega_4, \omega_5, \omega_6\}, \{\omega_1, \omega_2, \omega_3, \omega_4, \omega_5, \omega_6\}$ などがある．

一般に事象を表すのは $A, B, C, \cdots$ 等が用いられる．観測されたあるいは複雑な事象を起こる割合がわかっているような事象を用いて表したい．何のためかというと，その事象の起こる割合を知りたいからである．そのために難しいものをたくさん用意しなければならないかというとそうではない．単に 3 種類の記号 $\cup, \cap, c$ を用意すればよいのである．A, B を事象とする．

(i) A, B のうち少なくとも一方が起こるという事象を $A \cup B$ で表し，これを A と B の**和事象**という．

(ii) A と B が同時に起こるという事象を $A \cap B$ で表し，これを A と B の**積事象**という．

(iii) A が起こらないという事象を A^c で表し，これを A の**余事象**という．

特に $A \cap B = \emptyset$ のとき，A と B は互いに**排反**であるという．B が起これば必ず A が起こるとき，B を A の**部分事象**といい，記号で $B \subset A$ とかく．空事象は任意の事象の部分事象とすると都合がよいのであらかじめこれを約束しておく．定義より，任意の単一事象は全事象の部分事象である．故に標本空間 Ω が全事象となる．B は A の部分事象で，A は B の部分事象であるとき，事象 A と B は同じものであると考えられる．このとき $A = B$ とかく．

事象の演算 $\cup, \cap, c$ について次の公式が成立する．役に立つので覚えておくとよい．

> **事象の基本公式** A, B, C は事象とする.
> (1) $A \cup A = A, \quad A \cap A = A$ （べき等律）
> (2) $A \cup B = B \cup A, \quad A \cap B = B \cap A$ （交換律）
> (3) $(A \cup B) \cup C = A \cup (B \cup C), \quad (A \cap B) \cap C = A \cap (B \cap C)$
> （結合律）
> (4) $(A \cup B) \cap C = (A \cap C) \cup (B \cap C)$
> $(A \cap B) \cup C = (A \cup C) \cap (B \cup C)$ （分配律）
> (5) $A \subset B \Rightarrow A \cap B = A, \quad A \cup B = B$
> (6) $A \cup \varnothing = A, \quad A \cap \varnothing = \varnothing, \quad A \cup \Omega = \Omega, \quad A \cap \Omega = A$
> (7) $(A^c)^c = A$
> (8) $\Omega^c = \varnothing, \quad \varnothing^c = \Omega, \quad A \cup A^c = \Omega, \quad A \cap A^c = \varnothing$
> (9) $(A \cup B)^c = A^c \cap B^c, \quad (A \cap B)^c = A^c \cup B^c$

事象の基本公式 (3) より, 3 個の事象 A, B, C に対して $(A \cup B) \cup C$ と $A \cup (B \cup C)$ は同じ, つまりどちらから先に和事象を考えてもその順序は無関係ということである. どちらも同じ事象なので, この事象を $A \cup B \cup C$ で表すことにする. $A \cup B \cup C$ は A, B, C のうち少なくとも 1 つが起こるという事象を表す. n 個の事象 $A_1, A_2, \cdots, A_n$ に対しても, 同様な理由で, $A_1 \cup A_2 \cup \cdots \cup A_n$ は $A_1, A_2, \cdots, A_n$ のうち少なくとも 1 つが起こる事象を表す. 簡単のため, $A_1 \cup A_2 \cup \cdots \cup A_n$ の代わりに $\cup_{i=1}^n A_i$ を用いることも多い. 同様にして, $A \cap B \cap C$, $A_1 \cap A_2 \cap \cdots \cap A_n$, $\cap_{i=1}^n A_i$ も定義される. これから類推されるように, 無限個の事象列 $A_1, A_2, \cdots, A_n, \cdots$ に対して, $\cup_{i=1}^\infty A_i$ はどれかの A_i が起こる事象を, $\cap_{i=1}^\infty A_i$ はすべての A_i が起こる事象を表す. k 個の単一事象 $\omega_1, \cdots, \omega_k$ からなる事象 $\{\omega_1, \omega_2, \cdots, \omega_k\}$ と個の単一事象の和事象 $\{\omega_1\} \cup \{\omega_2\} \cup \cdots \cup \{\omega_k\}$ は同じ事象であることに注意しよう.

例 1.2 同じ事象 A の無限列 $A, A, \cdots, A, \cdots$ に対して, 事象 $A \cup A$, $A \cup A \cup A$, $\cup_{i=1}^n A$, $\cup_{i=1}^\infty A$ はどのような事象を表すかを考える. 和事象の定義より, $A \cup A = A$, $A \cup A \cup A = A$, $\cup_{i=1}^n A = A$, $\cup_{i=1}^\infty A = A$ となることがわかる. 従って, $\varnothing \cup \varnothing \cup \cdots \cup \varnothing = \varnothing$, $\varnothing \cup \varnothing \cup \cdots \cup \varnothing \cup \cdots = \varnothing$ である. ▨

1.1 現象の数理的表現法

参考 1.1 事象の基本公式 (9) はさらに次のように一般化される．これらの公式はド・モルガンの法則と呼ばれている．

(i) 有限個の事象 $A_1, A_2, \cdots, A_n$ に対して，
$$\left(\bigcup_{i=1}^{n} A_i\right)^c = \bigcap_{i=1}^{n} A_i^c, \quad \left(\bigcap_{i=1}^{n} A_i\right)^c = \bigcup_{i=1}^{n} A_i^c.$$

(ii) 無限個の事象列 $A_1, A_2, \cdots, A_n, \cdots$ に対して，
$$\left(\bigcup_{i=1}^{\infty} A_i\right)^c = \bigcap_{i=1}^{\infty} A_i^c, \quad \left(\bigcap_{i=1}^{\infty} A_i\right)^c = \bigcup_{i=1}^{\infty} A_i^c.$$

例 1.3 10 円玉を 2 回続けて振る．1 回目は表で，2 回目は裏である場合を (H,T) とかくことにする．そうすると標本空間 Ω は $\Omega = \{(H,H), (H,T), (T,H), (T,T)\}$ となる．$\{(H,H)\}, \{(H,T)\}$ は単一事象，$\{(H,H), (H,T)\}, \{(H,T), (T,T)\}$ は複合事象である．事象 $\{(H,H), (H,T)\}$ は " 1 回目に表がでるという結果" を表す．" 2 回中少なくとも 1 回裏がでる" という結果は $\{(H,H), (H,T), (T,H)\}$ と表される．一方，

$$\{(H,H), (H,T)\} = \{(H,H)\} \cup \{(H,T)\},$$
$$\{(H,T), (T,T)\} = \{(H,T)\} \cup \{(T,T)\},$$
$$\{(H,H), (H,T), (T,H)\} = \{(H,H)\} \cup \{(H,T)\} \cup \{(T,H)\} = \{(T,T)\}^c.$$

このように複雑な事象，いいかえれば我々が日常使用してる表現，例えば，"2 回中少なくとも 1 回裏がでる" を単一事象を組み合わせて表すことができることに注目しておこう．

例題 1.1

1 個のサイコロを振る実験を行う．記号 ω_i は " i の目がでる" という単一事象を表すことにする．$A = \{\omega_1, \omega_2, \omega_3\}$, $B = \{\omega_2, \omega_3, \omega_4\}$, $C = \{\omega_4, \omega_5, \omega_6\}$ とするとき，A, B, C はどのような事象を表すか？また，$A \cap B$, $A \cap C$, $A \cup C$, A^c を求めよ．

[解答] 定義に盲従していえば，事象 A は $\{\omega_1\} \cup \{\omega_2\} \cup \{\omega_3\}$ であるから " 1,2,3 のどれかの目がでるという事象" を表すということになる．しかし，この言い方は日常的な言い方ではないので，"3 以下の目がでる事象" といった方がよい．事象 B は "2 以上 4 以下の目がでる事象"，事象 C は "4 以上の目がでる事象" を表す．事象の演算 $(\cup, \cap, c)$

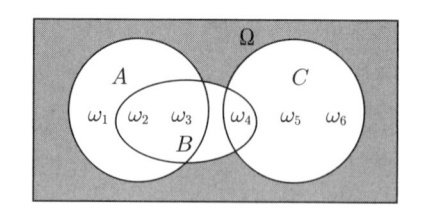

ベン図

に不慣れな人は以下に述べるようにベン図と呼ばれる図を使うと理解しやすい．これより，$A \cap B = \{\omega_2, \omega_3\}, A \cap C = \emptyset, A \cup C = \Omega, A^c = C$．

1.2 事象とその起こる割合

例 1.3 および例題 1.1 で説明したように観測される現象はいくつかの単一事象と記号 $\cup, \cap, c$ の組み合わせで表すことができる．すなわち，単一事象の集まりは我々が日頃話している音の集まり "あ，い，う，え，お，か，き，く，け，こ，…，わ，い，う，え，を，ん" のようなものの役割をすると思われる．従って，起こり得るすべての現象を表現できる音/単語/文章の集まりのようなものを考える必要がでてくる．どんな事象の集まりを考えればよいのだろうか．ロシア（当時ソビエト）の数学者 A.N. **コルモゴロフ**さん（1903～1987）は次の 3 つの条件を満たす事象の集まり $\mathscr{F}$（スクリプト・エフと読む）を考えた．

(i) $\Omega \in \mathscr{F}$．すなわち Ω は $\mathscr{F}$ の要素である．

(ii) $A \in \mathscr{F}$ ならば $A^c \in \mathscr{F}$．すなわち，A が $\mathscr{F}$ の要素ならば，A^c も $\mathscr{F}$ の要素である．

(iii) $A_1, A_2, \cdots, A_n, \cdots \in \mathscr{F}$ ならば $\cup_{i=1}^{\infty} A_i \in \mathscr{F}$．すなわち，$A_1, A_2, \cdots, A_n, \cdots$ が $\mathscr{F}$ の要素ならば，$\cup_{i=1}^{\infty} A_i$ は $\mathscr{F}$ の要素である．

不思議なことにこの集まり（集合）$\mathscr{F}$ の要素を用いて種々の現象を表すことができるのである．この集まり $\mathscr{F}$ のことを "**完全加法族**" という．この完全加法族については深く考える必要はなく，こんなものかという程度でよい．標本空間が**離散集合**の場合は $\mathscr{F}$ として Ω の部分集合の全部（すべての集まり）を採用する．

また，標本空間 Ω と完全加法族 $\mathscr{F}$ を組にしたもの $(\Omega, \mathscr{F})$ を**可測空間**とい

う．以後，**事象**といえば集合 $\mathscr{F}$ の要素のことをいうことにする．難しいことは考えずに可測空間 $(\Omega, \mathscr{F})$ といえば "ある実験において観測される個々の場合の集まり" と "その実験で観測される現象を表す言葉の集まり" がそろったと思えばよいのである．また，観測される現象としては完全加法族 $\mathscr{F}$ の言葉で表されるものしか扱わないということである．ところで，これだけではなにか物足りないと思いませんか？ そうです．我々は観測された現象のみに興味があるのではなく，その現象がどの程度の割合で起こるかということが知りたいのである．

参考 1.2 離散集合とはその集合のすべての要素に $1, 2, 3, \cdots$ と番号が付けられるときにいう．例えばアルファベットの全体 $\{a, b, c, \cdots, x, y, z\}$ は，左から順に $1, 2, 3, \cdots 24, 25, 26$ と番号が付けられるから，離散集合である．有限集合（要素の個数が有限である集合のこと）はその要素に番号が付けられるから離散集合である．一方，整数全体集合は $\{\cdots, -3, -2, -1, 0, 1, 2, 3, \cdots\}$ は無限集合（すなわち，その構成要素が無限個ある集合のこと）であり，$0, -1, 1, -2, 2, -3, 3, \cdots$ のように並べて左から $1, 2, 3, \cdots$ と番号を付ける．従って整数全体の集合は離散集合である．このような集合を**可算無限集合**という．以上のことから，離散集合には有限集合と加算無限集合の 2 種類があることがわかる．

例 1.4 (1) 10 円玉を振る実験を行う．表がでる結果を H，裏がでる結果を T で表すことにする．標本空間 Ω は $\{\text{H}, \text{T}\}$ となる．標本空間 Ω は有限集合（従って離散集合）である．上で述べた約束により，完全加法族 $\mathscr{F}$ は標本空間 Ω の部分事象の全体である．従って

$$\mathscr{F} = \{\varnothing, \{\text{H}\}, \{\text{T}\}, \{\text{H}, \text{T}\}\}.$$

可測空間 $(\Omega, \mathscr{F})$ によって "この実験で観測される個々の場合の集まり Ω" と "この実験で起こり得るすべての事象を表す言葉の集まり $\mathscr{F}$" が準備されたことになる．

(2) 1 個のサイコロを振る実験を行う．記号 ω_i は "i の目がでる" という事象を表すことにすると，標本空間 $\Omega = \{\omega_1, \omega_2, \omega_3, \omega_4, \omega_5, \omega_6\}$ となる．このとき，標本空間 Ω は有限集合（従って離散集合）である．従って，完全加法族 $\mathscr{F}$ は

$$\mathscr{F} = \{\varnothing, \{\omega_1\}, \cdots, \{\omega_6\}, \{\omega_1, \omega_2\}, \{\omega_1, \omega_3\}, \cdots, \{\omega_1, \omega_6\}, \cdots, \Omega\}$$

となる．可測空間 $(\Omega, \mathscr{F})$ によって "この実験で観測される個々の場合の集まり Ω" と "この実験で起こり得るすべての事象を表す言葉の集まり $\mathscr{F}$" が準備されたことになる．

均質に造られた白色のサイコロを振る実験 I, 数字 6 が書かれている面の近くに鉛が埋められた黒色のサイコロを振る実験 II を考えよう．組 $(\Omega, \mathscr{F})$ を例 1.4(2) におけるものと同じとする．この 2 種類の実験 I, II を記述する可測空間は共に $(\Omega, \mathscr{F})$ である．この二種類の実験はどこが違うのであろうか？違いは 2 つのサイコロの内部構造である．ということは，実験 I における 6 の目が起こりやすさ（または度合い）と実験 II における 6 の目が起こりやすさとが違うということである．このように可測空間 $(\Omega, \mathscr{F})$ だけではランダムな事象を伴う実験を完全に記述することはできない．何が足りないかというと，事象の起こりやすさを記述する（決定する）ものが抜けているのである．ここで大事なことは

"我々人間には未知であるが，1 から 6 のそれぞれの目の起こる割合は
そのサイコロ固有の起こる割合があるはずだ！"
と考える（信じる）のである．存在すると信じている "現象の起こる割合を決定するもの" をどのように数理的に扱うかは以下に述べる．

標本空間 Ω が与えられたとき，事象の起こる割合は絶対的な方法では決定できない．そこで Ω 上の確率（測度）P, 事象の起こる割合を決定するもの，をあらかじめ決めておく必要がある．

定義 1.1　$(\Omega, \mathscr{F})$ を可測空間とする．完全加法族 $\mathscr{F}$ 上で定義された関数 P が
(i)　$P(\Omega) = 1$,
(ii)　$0 \leq P(A) \leq 1, A \in \mathscr{F}$,
(iii)　$A_i \cap A_j = \emptyset \ (i \neq j) \Rightarrow P(\cup_{i=1}^{\infty} A_i) = \sum_{i=1}^{\infty} P(A_i)$,
を満たすとき，P を Ω 上の**確率測度**という．

値 $P(A)$ を**事象 A の（起こる）確率**という．組 $(\Omega, \mathscr{F}, P)$ を**確率空間**または**確率モデル**という．確率空間というと何か難しいように感じるが，要はこの 3 個の組 $(\Omega, \mathscr{F}, P)$ でランダムな現象を伴う実験を数理的に取り扱う準備ができたと思えばよい．以下混乱の恐れがない限り，確率測度 P を測度を省略して**確率**ということにする．定義からただちにわかる基本性質を述べよう．この公式は以後の確率計算の基本となるので必ず覚えておくこと！

1.2 事象とその起こる割合

確率の基本公式 $A, B, A_1, \cdots, A_n$ は事象とする.

(1) $P(\emptyset) = 0$.

(2) $A \subset B \Rightarrow P(A) \leq P(B)$.

(3) $P(A \cup B) = P(A) + P(B) - P(A \cap B)$.

(4a) 事象 A, B が互いに排反,すなわち,$A \cap B = \emptyset$ ならば,
$$P(A \cup B) = P(A) + P(B).$$

(4b) n を自然数とする.事象 $A_1, \cdots, A_n$ が互いに排反,すなわち,$A_i \cap A_j = \emptyset \, (i \neq j)$ ならば,
$$P\left(\bigcup_{i=1}^{n} A_i\right) = \sum_{i=1}^{n} P(A_i).$$

(5) $P(A^c) = 1 - P(A)$.

注意 1.1 ベン図を使うと上の基本公式が覚えやすい.どうするかというと,下のような面積が 1 の長方形 Ω を描く.事象 C に対して値 $P(C)$ をベン図で示される C の部分の面積と(とりあえず)解釈するのである.そうすると,$P(\Omega) = 1$ である.空事象 $\emptyset$ の確率 $P(\emptyset)$ 点については次のように考える.実験の結果としては何かが必ず起こっているから何も起きないという事象は起こらない.従って,直観的に $P(\emptyset) = 0$ となることはすぐわかる.

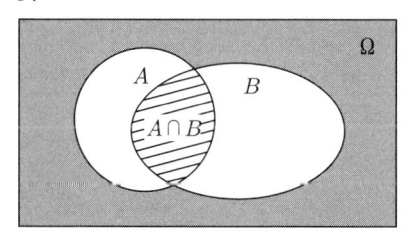

ベン図

これらの図形の面積を考えることにより,上で述べた確率の基本公式が容易に導きだせる.厳密にはこれらの諸公式は数学的に証明しなければならないが,情報科学分野等の読者は,その数学的な証明がわからなくても,使えればよいのである.

注意 1.1 で確率の基本公式を（インチキくさいけれども）手軽に導きだす方法を述べたが，ここでは厳密に確率の基本公式 (1) $P(\emptyset) = 0$ を証明してみよう．この例題と上で述べた直観的な方法とどちらが扱いやすいだろうか？

例題 1.2

確率の基本公式 (1)：$P(\emptyset) = 0$ を証明せよ．

[解答] 空事象 $\emptyset$ ばかりからなる無限の事象列 $\emptyset, \emptyset, \cdots, \emptyset, \cdots$ を考える．例 1.2 より，この無限事象列の和事象 $\cup_{i=1}^{\infty} \emptyset$ は $\cup_{i=1}^{\infty} \emptyset = \emptyset$ となる．これと確率の定義 1.1 の (iii) より

$$P(\emptyset) = P\left(\bigcup_{i=1}^{\infty} \emptyset\right) = \sum_{i=1}^{\infty} P(\emptyset)$$

となる．無限数列の和の定義は $\sum_{i=1}^{\infty} P(\emptyset) = \lim_{n \to \infty} \sum_{i=1}^{n} P(\emptyset)$ だから

$$\sum_{i=1}^{n} P(\emptyset) = nP(\emptyset) \leq \lim_{n \to \infty} \sum_{i=1}^{n} P(\emptyset) = P\left(\bigcup_{i=1}^{\infty} \emptyset\right) \leq 1.$$

これより，$P(\emptyset) \leq 1/n$ $(n = 1, 2, \cdots)$．$0 \leq P(\emptyset) \leq \lim_{n \to \infty} 1/n = 0$ より $P(\emptyset) = 0$ が得られる． ▨

例題 1.3

確率の基本公式 (4b)：$P\left(\bigcup_{i=1}^{n} A_i\right) = \sum_{i=1}^{n} P(A_i)$ を証明せよ．

[解答] $A_1, A_2, \cdots, A_n$ を互いに排反な n 個の事象とする．無限の事象列 $A_1, A_2, \cdots, A_n, \emptyset, \emptyset, \cdots, \emptyset, \cdots$ を考える．この無限事象列の和事象は

$$A_1 \cup A_2 \cup \cdots \cup A_n \cup \emptyset \cup \emptyset \cup \cdots \cup \emptyset \cup \cdots = A_1 \cup A_2 \cup \cdots \cup A_n$$

だから，確率の定義 1.1 の (iii) の条件を満たす．従って

$$P\left(\bigcup_{i=1}^{n} A_i\right) = P(A_1) + \cdots + P(A_n) + P(\emptyset) + \cdots + P(\emptyset) + \cdots$$
$$= P(A_1) + \cdots + P(A_n).$$

▨

1.2 事象とその起こる割合

例題 1.4

均質なサイコロを振る実験を行う．記号 ω_i は "i の目がでる" という単一事象を表すことにする．確率 $P(\omega_i)(1 \leq i \leq 6)$ を求めよ．

解答 素直に直観的に考えると，どの目のでる確率も $1/6$ となりそうである．この直観的解答が合っているかどうかを論理的に導きだしてみよう．この実験を記述する確率空間を $(\Omega, \mathscr{F}, P)$ とする．可測空間 $(\Omega, \mathscr{F})$ は例 1.4 (2) と同じである．仮定より，

$$P(\omega_1) = P(\omega_2) = \cdots = P(\omega_6). \qquad (*)$$

一方，$\Omega(= \{\omega_1, \omega_2, \omega_3, \omega_4, \omega_5, \omega_6\}) = \{\omega_1\} \cup \{\omega_2\} \cup \{\omega_3\} \cup \{\omega_4\} \cup \{\omega_5\} \cup \{\omega_6\}$ で，$\{\omega_1\}, \{\omega_2\}, \{\omega_3\}, \{\omega_4\}, \{\omega_5\}, \{\omega_6\}$ は互いに排反だから，確率の基本公式 (4b) より，

$$1 = P(\Omega) = P(\omega_1) + P(\omega_2) + \cdots + P(\omega_6).$$

この式と $(*)$ より，$P(\omega_1) = P(\omega_2) = \cdots = P(\omega_6) = 1/6$（予想通り！）．

例題 1.5

確率の基本公式 (3)：$P(A \cup B) = P(A) + P(B) - P(A \cap B)$ を証明せよ．

解答 事象 $A, B, A \cup B$ を次のように互いに排反な事象の和事象に分解する．

$$A = (A \cap B^c) \cup (A \cap B), \quad B = (A^c \cap B) \cup (A \cap B),$$

$$A \cup B = (A \cap B^c) \cup (A^c \cap B) \cup (A \cap B).$$

確率の基本公式 (4a), (4b) より

$$P(A) = P(A \cap B^c) + P(A \cap B),$$
$$P(B) = P(A^c \cap B) + P(A \cap B),$$
$$P(A \cup B) = P(A \cap B^c) + P(A^c \cap B) + P(A \cap B).$$

従って，

$$P(A \cup B) = P(A \cap B^c) + P(A \cap B) + P(A^c \cap B) + P(A \cap B) - P(A \cap B)$$
$$= P(A) + P(B) - P(A \cap B).$$

確率の基本公式 (3) の一般形として知られている**包除原理**を述べる．n を自然数，$A_1, A_2, \cdots, A_n$ を事象とし，$1 \leq i \leq n$ とする．$A_1, A_2, \cdots, A_n$ の中から相異なるものを i 個取り出し，これらの共通事象を考える．この共通事象の個数は ${}_nC_x$ 個ある．これらの共通事象の確率の総和を S_i で表す．他の場合も同じであるから，S_3 について具体的に考えてみる．$A_1, A_2, \cdots, A_n$ の中から相異なるものを 3 個取り出し，それらを $A_i, A_j, A_k (1 \leq i < j < k \leq n)$ とする．この 3 個の事象の共通事象の確率 $P(A_i \cap A_j \cap A_k)$ は (i, j, k) の組み合わせの個数 ${}_nC_3$ だけある．これらの確率の総和が S_3 である．この総和を，簡単のため，記号で $\displaystyle\sum_{1 \leq i < j < k \leq n} P(A_i \cap A_j \cap A_k)$ で表す．同様に，S_2 を記号 $\displaystyle\sum_{1 \leq i < j \leq n} P(A_i \cap A_j)$ で，S_1 を記号 $\displaystyle\sum_{1 \leq i \leq n} P(A_i)$ で表す．特に，$\displaystyle\sum_{1 \leq i \leq n} P(A_i)$ は $\displaystyle\sum_{i=1}^{n} P(A_i)$ のことなので，後者の方を S_1 を表す記号として採用する．包除原理とは等式

$$P\left(\bigcup_{i=1}^{n} A_i\right) = S_1 - S_2 + S_3 - \cdots + (-1)^{i-1} S_i + \cdots + (-1)^{n-1} S_n.$$

のことである．この式をわかりやすい形にかき直すと次のようになる．

$$\begin{aligned} P\left(\bigcup_{i=1}^{n} A_i\right) &= \sum_{i=1}^{n} P(A_i) - \sum_{1 \leq i < j \leq n} P(A_i \cap A_j) \\ &+ \sum_{1 \leq i < j < k \leq n} P(A_i \cap A_j \cap A_k) \\ &- \sum_{1 \leq i < j < k < l \leq n} P(A_i \cap A_j \cap A_k \cap A_l) + \cdots \\ &+ (-1)^{n-1} P\left(\bigcap_{i=1}^{n} A_i\right). \end{aligned}$$

また，**ボンフェローニの不等式**と呼ばれている次の不等式もよく知られている．

$$\sum_{i=1}^{n} P(A_i) - \sum_{1 \leq i < j \leq n} P(A_i \cap A_j) \leq P\left(\bigcup_{i=1}^{n} A_i\right) \leq \sum_{i=1}^{n} P(A_i).$$

例題 1.6

n を自然数，$A_1, A_2, \cdots, A_n$ を事象とする．ブールの不等式

$$P\left(\bigcup_{i=1}^{n} A_i\right) \leq \sum_{i=1}^{n} P(A_i)$$

が成立することを示せ．

[解答] n に関する数学的帰納法で示そう．$n=1$ のときは明らかだから $n \geq 2$ の場合について証明すればよい．$n=2$ のとき，確率基本公式 (3): $P(A \cup B) = P(A) + P(B) - P(A \cap B)$ と $P(A \cap B) \geq 0$ より

$$P(A \cup B) \leq P(A) + P(B).$$

従って $n=2$ のときブールの不等式は成立する．$n=k$ のときブールの不等式は成立すると仮定する．$n=k+1$ の場合を考える．

$$\bigcup_{i=1}^{k+1} A_i = \left(\bigcup_{i=1}^{k} A_i\right) \cup A_{k+1}$$

となることを利用すると，$n=2$ のときのブールの不等式より

$$P\left(\bigcup_{i=1}^{k+1} A_i\right) = P\left(\left(\bigcup_{i=1}^{k} A_i\right) \cup A_{k+1}\right) \leq P\left(\bigcup_{i=1}^{k} A_i\right) + P(A_{k+1}).$$

一方，$P(\cup_{i=1}^{k} A_i)$ に $n=k$ のときの仮定を使うと，$P(\cup_{i=1}^{k} A_i) \leq \sum_{i=1}^{k} P(A_i)$．

$$P\left(\bigcup_{i=1}^{k+1} A_i\right) = \sum_{i=1}^{k} P(A_i) + P(A_{k+1}) = \sum_{i=1}^{k+1} P(A_i).$$

これより $n=k+1$ のときブールの不等式は成立する．以上の議論によりすべての自然数 n に対してブールの不等式は成立する． ▨

注意 1.2 例題 1.6 の無限形の不等式

$$P\left(\bigcup_{i=1}^{\infty} A_i\right) \leq \sum_{i=1}^{\infty} P(A_i)$$

も成立する．この不等式もブールの不等式と呼ばれる．

例題 1.7

n を自然数, $A_1, \cdots, A_n$ を事象とする. 不等式

$$\sum_{i=1}^{n} P(A_i) - \sum_{1 \leq i < j \leq n} P(A_i \cap A_j) \leq P\left(\bigcup_{i=1}^{n} A_i\right) \tag{1.1}$$

が成立することを示せ.

[解答] 数学的帰納法によって不等式 (1.1) が成立することを示す. $n=2$ のときは, 確率の基本公式 (3) より, $P(A_1) + P(A_2) - P(A_1 \cap A_2) = P(A_1 \cup A_2)$ である. $n=3$ の場合を考える. $B = A_1 \cup A_2$ とおく. 確率の基本公式 (3) より,

$$\begin{aligned} P(A_1 \cup A_2 \cup A_3) &= P(B \cup A_3) = P(B) + P(A_3) - P(B \cap A_3) \\ &= P(A_1) + P(A_2) + P(A_3) - P(A_1 \cap A_2) - P(B \cap A_3) \end{aligned}$$

である.

$$\begin{aligned} P(B \cap A_3) &= P((A_1 \cap A_2) \cup (A_2 \cap A_3)) \\ &= P(A_1 \cap A_2) + P(A_2 \cap A_3) - P((A_1 \cap A_2) \cap (A_2 \cap A_3)) \\ &= P(A_1 \cap A_2) + P(A_2 \cap A_3) - P(A_1 \cap A_2 \cap A_3) \end{aligned}$$

より

$$\begin{aligned} P(A_1 \cup A_2 \cup A_3) = {} & P(A_1) + P(A_2) + P(A_3) - P(A_1 \cap A_2) - P(A_1 \cap A_3) \\ & - P(A_2 \cap A_3) + P(A_1 \cap A_2 \cap A_3). \end{aligned}$$

これより $n=3$ のとき不等式 (1.1) は成立する. $n=k$ のとき, 不等式 (1.1) が成立すると仮定する. $n=k+1$ のとき,

$$\begin{aligned} P\left(\bigcup_{i=1}^{k+1} A_i\right) &= P\left(\left(\bigcup_{i=1}^{k} A_i\right) \cup A_{k+1}\right) \\ &= P\left(\bigcup_{i=1}^{k} A_i\right) + P(A_{k+1}) - P\left(\left(\bigcup_{i=1}^{k} A_i\right) \cap A_{k+1}\right) \\ &= P\left(\bigcup_{i=1}^{k} A_i\right) + P(A_{k+1}) - P\left(\left(\bigcup_{i=1}^{k} (A_i \cap A_{k+1})\right)\right) \quad (*) \end{aligned}$$

$n=k$ のときの仮定より,

$$\sum_{i=1}^{k} P(A_i) - \sum_{1 \leq i < j \leq k} P(A_i \cap A_j) \leq P\left(\bigcup_{i=1}^{k} A_i\right).$$

一方，ブールの不等式より

$$P\left(\bigcup_{i=1}^{k}(A_i \cap A_{k+1})\right) \leq \sum_{i=1}^{k} P(A_i \cap A_{k+1}).$$

いま導出した 2 つの不等式と $(*)$ より

$$P\left(\bigcup_{i=1}^{k+1} A_i\right) \geq \sum_{i=1}^{k} P(A_i) + P(A_{k+1}) - \sum_{1 \leq i < j \leq k} P(A_i \cap A_j)$$
$$- \sum_{i=1}^{k} P(A_i \cap A_{k+1})$$
$$= \sum_{i=1}^{k+1} P(A_i) - \sum_{1 \leq i < j \leq k+1} P(A_i \cap A_j).$$

従って $n = k+1$ のとき，不等式 (1.1) は成立する．以上の議論により，不等式 (1.1) は 2 以上のすべての自然数に対して成立する． ▨

練習問題

1.1 例 1.3 において，事象 $\{(H,T),(T,T)\}$ はどのような結果を表すか？また，2 回中少なくとも 1 回裏がでるという結果はどのような事象で表せるか？

1.2 例題 1.1 を考える．サイコロに細工を全くしていないとき，$A \cap B$, $A \cap C$, $A \cup C$, A^c の確率を求めよ．
   [ヒント]　$P(\{\omega_1\}) = P(\{\omega_2\}) = \cdots = P(\{\omega_6\})$ を用いる．

1.3 $\Omega = A \cup B, P(A) = 0.7, P(B) = 0.7$ のとき，$P(A \cap B)$ を求めよ．

1.4 $P(A) = 1/3, P(A \cup B) = 1/2, P(A \cap B) = 1/4$ のとき，$P(B)$ を求めよ．

1.5 n を自然数，$A_1, A_2, \cdots, A_n$ を事象とする．不等式

$$P\left(\bigcap_{i=1}^{n} A_i\right) \geq 1 - \sum_{i=1}^{n} P(A_i^c)$$

が成立することを示せ．

1.6 数学的帰納法を用いることにより，包除原理を証明せよ．

第2章

条件付き確率

あらかじめ起こった結果を基に他の結果の起こる確率を考える場面は多くの分野，日常の生活においてみられる．本章ではこの種の確率について解説する．

2.1 条件付き確率

我々は日常生活において，意識することなしに，条件付き確率を使っている．近所の中川医院に皮膚病を診断してもらおうと思っているが，この医者が信用できるかどうかわからない．そこで近所の人の評判を聞いたら，多くの人が良いお医者さんであるという．この理由で，会ったこともないのに中川医師が良い医者であると確信することはよくある．評判を聞いた後での確信の度合いを条件付き確率というのである．条件付き確率がどのようなものかを理解するために次の例から始めてみよう．

例 2.1 ある部屋で永島君が均質に作られたサイコロを壺に入れて振り，野村君は何の目がでたかを当てている．その壺の底は偏光ガラスでできており，真上からはガラスのように透き通って見える．また，その部屋の天井の穴から古本君が壺を見るために壺の真上から覗いていた．3人共事前にサイコロが均質にできていることは知っているものとする．古本君は目が悪く，しかも眼鏡を忘れていたので，壺の中のサイコロの目がはっきりと見えない．しかし，野村君には何の目がでたかを携帯メールで知らせなければならない．目を凝らして見たところ，3,5,6のいずれかの目であることを確認した．このような状況の下で野村君は何の目がでたと答えるであろうか？また，その当たる確率はいくらであろうか？

2.1 条件付き確率

2通りの場合が考えられる.1つは古本君が野村君に情報を知らせない場合であり,もう1つは情報を知らせた場合である.これを考える前に若干の準備をする.記号 ω_i は "i の目がでる" という (単一) 事象を表すことにする.壺を振るという試行に対する標本空間 Ω は $\{\omega_1, \omega_2, \omega_3, \omega_4, \omega_5, \omega_6\}$ であり,サイコロが均質にできているということは $P(\{\omega_1\}) = P(\{\omega_2\}) = \cdots = P(\{\omega_6\}) = 1/6$ を意味する.すなわち,どの目のでる確率も $1/6$ である.この実験は確率空間 $(\Omega, \mathscr{F}, P)$ で表される.ここに,($\sigma-$ 加法族) $\mathscr{F}$ は Ω の部分集合の全体である.さて,野村君 (あるいは読者の皆さん) は何の目がでたと答えるであろうか?

(i) **情報を知らせない場合:** どの目のでる確率も同じだから,1から6のどの目がでるといってもよい.野村君は1番が好きなので "1の目がでる" と推測した.この推測方法は確率空間 $(\Omega, \mathscr{F}, P)$ に基づいて行ったものである.このとき,当たる確率は $1/6$ である.

(ii) **情報を知らせた場合:** 古本君からの知らせによって,野村君は $3, 5, 6$ のいずれかの目がでたことが事前にわかった.それでは3の目,5の目,6の目のでる確率はどうなっているのだろうか?野村君は次のように考えた.もともとサイコロは $1, 2, \cdots, 6$ のどの目もでる確率は同じ(サイコロが均質にできている)だから,3の目,5の目,6の目のでる確率は同じはずである.$3, 5, 6$ のどの目のでる確率も同じだから,$3, 5, 6$ のどの目がでるといってもよい.そこで,野村君は "3の目がでる" と推測した.この推測方法はどのような確率空間に基づいて行ったものであろうか?古本君からの知らせによって,$3, 5, 6$ のいずれかの目がでる事象 $\Omega' = \{\omega_3, \omega_5, \omega_6\}$ は必ず起こっている.従って Ω' は全事象あるいは(新しく得られた)標本空間と考えられる.もともとサイコロは均質にできていたから,$3, 5, 6$ のどの目のでる確率も同じはずである.このことは $P'(\{\omega_3\}) = P'(\{\omega_5\}) = P'(\{\omega_6\})$ となる確率 P' を考えることと同じである.野村君の推測方法は(新しい)確率空間 $(\Omega', \mathscr{F}', P')$ に基づいて行われたことになる.ここに,($\sigma-$ 加法族) $\mathscr{F}'$ は Ω' の部分集合の全体である.このとき,当たる確率は $1/3$ である.このように,Ω' が起こったという条件の下で決定される確率 P' を条件付き確率という.

上の例で述べた条件付き確率は直観的なものなので,これを数学的な表現で定義しないと数理的な解析(あるいは理論的な議論)ができなくなる.条件付き確率は次のように定義される.

> **定義 2.1** 確率空間 $(\Omega, \mathscr{F}, P)$ (わかりやすくいえば,ランダムな事象を伴う実験) において,$P(A) \neq 0$ である事象 A が起こったということが事前にわかったとする.この条件の下で,事象 B の起こる確率 $P(B|A)$ を
>
> $$P(B|A) = \frac{P(A \cap B)}{P(A)}$$
>
> で定義する.

条件付き確率 $P(B|A)$ は "**事象 A が起こったという条件の下で事象 B の起こる条件付き確率**" と呼ばれる.条件付き確率 $P(B|A)$ は A を固定して B を変化させると確率 (測度) と同じような働きをする.従って 1 章で述べた確率の基本性質はそのまま成立する.$\mathscr{F}' = \{A \cap B | B \in \mathscr{F}\}$,$P'(C) = P(C)/P(A) (C \in \mathscr{F}')$ とおくと,$\mathscr{F}'$ は完全加法族 (1.2 節参照) であり,$P'(*)$ は A 上の確率 (測度) となる.従って組 $(A, \mathscr{F}', P')$ は確率空間 (ランダムな現象を伴う実験のこと!) となる.

条件付き確率の基本公式

(1)　$P(\varnothing | A) = 0$,

(2)　$C \subset B \Rightarrow P(C|A) \leq P(B|A)$,

(3)　$P(B \cup C | A) = P(B|A) + P(C|A) - P(B \cap C | A)$,

(4)　事象 $A_1, \cdots, A_n$ が互いに排反ならば

$$P\left(\bigcup_{i=1}^n A_i \Big| A\right) = \sum_{i=1}^n P(A_i | A),$$

(5)　$P(B^c | A) = 1 - P(B|A)$.

注意 2.1　$P(*|A)$ は A 上の確率 (測度) となることは上で述べたが,$P(*|A)$ は Ω 上の確率 (測度) にもなることに注意しよう.つまり $(\Omega, \mathscr{F}, P(*|A))$ は確率空間になる.しかし,任意の $B \in \mathscr{F}$ に対して,$P(B \cap A^c | A) = 0$ だから.

$$P(B|A) = P(B \cap A | A) + P(B \cap A^c | A) = P(B \cap A | A) = P'(B \cap A).$$

直観的な言い方をすれば, A の外側 ($B \cap A^c$) は条件付き確率 0 なので A の中 ($B \cap A$) のみが条件付き確率 $P(B|A)$ に本質的な影響を及ぼす.

上のように条件付き確率を定義したが, 果たしてこのやり方がで例 2.1 で述べた直観的な条件付き確率を説明することができるのだろうか？ それができることを述べよう. 3,5,6 のいずれかの目がでたことが事前にわかっているから, $A = \{\omega_3, \omega_5, \omega_6\}$ とおく. また, "3 の目がでる" と推測したのだから, $B = \{\omega_3\}$ とおく. $A = \{\omega_3\} \cup \{\omega_5\} \cup \{\omega_6\}$ だから確率の基本公式 (4b) より, $P(A) = P(\{\omega_3\}) + P(\{\omega_5\}) + P(\{\omega_6\}) = 1/6 + 1/6 + 1/6 = 1/2$. 一方, 条件付き確率の定義と事象の基本公式 (5) より

$$P(\{\omega_3\}|A) = \frac{P(\{\omega_3\} \cap A)}{P(A)} = \frac{P(\{\omega_3\})}{P(A)} = \frac{1}{6} \cdot \frac{1}{2} = \frac{1}{3}.$$

この値は野村君の "3 の目がでる" との推測が当たる確率と一致する.

条件付き確率は面倒くさそうにみえるが, 実は非常に便利である. 次の例題を条件付き確率を用いる方法と用いない方法の 2 通りで議論する. どちらが理解しやすいだろうか？

例題 2.1

白玉 8 個, 赤玉 12 個の入った箱がある. 箱の中の玉はよくかき混ぜておく. 中村君, 山本君の順番でこの箱から玉を 1 個取りだす. ただし, 取りだした玉は元に戻さないものとする (非復元抽出).

(1) 中村君, 山本君共に白玉を取りだす確率を求めよ.

(2) 後で玉を取りだす山本君が白玉を取りだす確率は中村君の確率より小さいだろうか？

[解答] 最初に中村君が白玉を取りだす事象 A を, 次に山本君が白玉を取りだす事象 B とする. $n!(= n(n-1)\cdots 3 \cdot 2 \cdot 1)$ は n の階乗, 相異なる n 個のものから r 個取りだす順列の個数は $_n\mathrm{P}_r (= n!/(n-r)!)$ であったことを思いだそう.

(その 1) 条件付き確率を用いない方法

(1) 箱の中の玉はよくかき混ぜられているから 2 個取りだす順列はどれも生じる確率は同じである. 従って

$$P(A \cap B) = \frac{_8\mathrm{P}_2}{_{20}\mathrm{P}_2} = \frac{8 \cdot 7}{20 \cdot 19} = \frac{14}{95}.$$

(2) 山本君が白玉を取りだす確率は $P(B)$ である. 従って $P(A) = P(B)$ であれ

ば山本君は不利でないことになる．$P(A) = 8/20 = 2/5$．$\Omega = A \cup A^c$，$B = B \cap \Omega = B \cap (A \cup A^c) = (B \cap A) \cup (B \cap A^c)$ より $P(B) = P(B \cap A) + P(B \cap A^c)$．

$$P(A^c \cap B) = \frac{{}_{12}P_1 \cdot {}_8P_1}{{}_{20}P_2} = \frac{12 \cdot 8}{20 \cdot 19} = \frac{24}{95}$$

より $P(B) = 38/95 = 2/5 = P(A)$．

(その 2)　条件付き確率を用いる方法

(1)　条件付き確率の定義より，$P(A \cap B) = P(A)P(B|A)$．箱の中の玉はよくかき混ぜられているから，$P(A) = 8/20$，$P(B|A) = 7/19$．従って，$P(A \cap B) = P(A)P(B|A) = (8/20)(7/19)$

(2)　$P(A) = P(B)$ であれば山本君は不利でないということになるので，この等式が成立するかどうか調べよう．$\Omega = A \cup A^c$，$B = B \cap \Omega = B \cap (A \cup A^c) = (B \cap A) \cup (B \cap A^c)$ より

$$P(B) = P(B \cap A) + P(B \cap A^c) = P(A)P(B|A) + P(A^c)P(B|A^c).$$

一方，$P(A^c)P(B|A^c) = (12/20)(8/19) = 24/95$．これより，$P(B) = 14/95 + 24/95 = 38/95 = 2/5 = P(A)$． ◼

注意 2.2　例題 2.1 における（その 1）の (1) の解答において

$$P(A \cap B) = \frac{{}_8P_2}{{}_{20}P_2} = \frac{8 \cdot 7}{20 \cdot 19} = P(A)P(B|A)$$

となっている．これにより解答（その 1）は文章の中には条件付き確率を使っていないようにみえるが，裏では使っていたことがわかる．

次の公式は覚えておくと便利である．

$$
\begin{aligned}
P(A \cap B) &= P(A)P(B|A) = P(B)P(A|B). \quad &(2.1)\\
P(A \cap B \cap C) &= P(A)P(B \cap C|A) \\
&= P(B)P(A \cap C|B) \\
&= P(C)P(A \cap B|C). \quad &(2.2)\\
P(A \cap B \cap C) &= P(A)P(B|A)P(C|A \cap B) \\
&= P(B)P(C|B)P(A|B \cap C) \\
&= P(C)P(A|C)P(B|A \cap C). \quad &(2.3)\\
P(A_1 \cap A_2 \cap \cdots \cap A_n) &= P(A_1)P(A_2|A_1)P(A_3|A_1 \cap A_2) \\
&\quad \cdots P(A_n|A_1 \cap A_2 \cap \cdots \cap A_{n-1}). \quad &(2.4)
\end{aligned}
$$

例題 2.2
上の公式 (2.3) を示せ．

解答 等式
$$P(A \cap B \cap C) = P(A) \frac{P(A \cap B)}{P(A)} \frac{P(A \cap B \cap C)}{A \cap B}$$
より，$P(A \cap B \cap C) = P(A)P(B|A)P(C|A \cap B)$．残りの部分も同様にしてできる．

2.2 事象の独立性

さて話は変わるが，岡山市が晴れるという天候とモスクワ市が吹雪く天候とはお互いに独立 (または無関係) であろう．この独立という概念を論理的に定義するにはどうしたらよいだろうか？ この概念は次のように定義される．

定義 2.2
事象 A と事象 B と独立であるとは
$$P(A \cap B) = P(A)P(B)$$
が成立するときにいう．

この定義だと独立性が関連しずらいが，条件付き確率を使うと独立性が理解しやすい．事象 A と事象 B が独立で $P(A) \neq 0$ ならば $P(B|A) = P(B)$ となる．この式は，"事象 A が起ころうが起こるまいが事象 B の起きる確率は変わらない"ということを意味している．事象 A と事象 B が独立で $P(B) \neq 0$ ならば $P(A|B) = P(A)$ となる．この式は，"事象 B が起ころうが起こるまいが事象 A の起きる確率は変わらない"ということを意味している．従って，$P(A) \neq 0$, $P(B) \neq 0$ かつ事象 A と事象 B が独立であるということは，事象 A と事象 B はお互いに一方が起ころうが起こるまいがその起こる確率は無関係という意味である．

後の議論で 3 個以上の事象に対しても独立性を考える必要があるので，ここでその定義を述べておく．

> **定義 2.3** $n\,(\geq 3)$ 個の事象 $A_1,\cdots,A_n$ が**独立**であるとは,任意の自然数 $r\,(1 \leq r \leq n)$ と,$A_1,\cdots,A_n$ の中から任意に選んだ相異なる r 個の事象 $A_{i_1},\cdots,A_{i_r}\,(1 \leq i_1 < \cdots < i_r \leq n)$ に対して
> $$P\left(\bigcap_{k=1}^{r} A_{i_k}\right) = \prod_{k=1}^{r} P(A_{i_k})$$
> が成立するときにいう.

例題 2.3

白玉 8 個,赤玉 12 個の入った箱がある.箱の中の玉はよくかき混ぜておく.中村君,山本君の順番でこの箱から玉を 1 個取りだす.ただし,取りだした玉は元に戻すものとする (復元抽出).中村君が白玉を取りだすことが山本君が白玉を取りだすことに影響があるだろうか?

[解答] 直観的に考えれば,取りだした玉は戻すのだから,中村君が白玉を取りだすことが山本君が白玉を取りだすことに影響はないはずである.ここでいいたいことは先ほどの独立性の定義が我々の直観と合っていることを示すことである.中村君が白玉を取りだす事象を A,山本君が白玉を取りだす事象を B とする.復元抽出だから $P(A) = 8/20, P(B) = 8/20, P(A \cap B) = 8 \times 8/(20 \times 20) = P(A)P(B)$.すなわち独立性の定義が要求する等式が成立している. ▨

注意 2.3 ちなみに例題 2.1(非復元抽出) を考えてみよう.これも直観的に考えれば,非復元抽出だから中村君が白玉を取りだすことが山本君が白玉を取りだすことに影響があるはずである.$P(B) = P(A) = 2/5, P(A \cap B) = 14/95$ だから $P(A \cap B) \neq P(A)P(B)$.やはり直観通りになっている.

2.3 ベイズの定理

条件付き確率の話になると必ずでてくる全確率の定理とベイズの定理を述べよう.$(\Omega, \mathscr{F}, P)$ を確率空間とする.事象 $A_1, \cdots, A_n$ が A の**分割**とは,事象 $A_1, \cdots, A_n$ が互いに排反であって,

$$A = \bigcup_{i=1}^{n} P(A_i)$$

となるときにいう．無限の事象列 $A_1, \cdots, A_n, \cdots$ が A の分割であるとは，事象 $A_1, \cdots, A_n, \cdots$ が互いに排反であって，$A = \cup_{i=1}^{\infty} P(A_i)$ となるときにいう．

全確率の定理

(1) 事象 $A_1, \cdots, A_n$ が A の分割で，$P(A_i) \neq 0 \, (i = 1, \cdots, n)$ とする．任意の事象 B に対して

$$P(A \cap B) = \sum_{i=1}^{n} P(A_i) P(B|A_i)$$

が成立する．

(2) 無限の事象列 $A_1, \cdots, A_n, \cdots$ が A の分割で，$P(A_i) \neq 0 \, (i = 1, \cdots, n, \cdots)$ とする．任意の事象 B に対して

$$P(A \cap B) = \sum_{i=1}^{\infty} P(A_i) P(B|A_i)$$

が成立する．

ベイズの定理

(1) 事象 $A_1, \cdots, A_n$ が A の分割で $P(A_i) \neq 0 \, (i = 1, \cdots, n)$ とする．$P(B) \neq 0$ となる任意の事象 B に対して

$$P(A_k | A \cap B) = \frac{P(A_k) P(B|A_k)}{\sum_{i=1}^{n} P(A_i) P(B|A_i)}, \quad k = 1, \cdots, n$$

が成立する．

(2) 無限の事象列 $A_1, \cdots, A_n, \cdots$ が A の分割で $P(A_i) \neq 0 \, (i = 1, \cdots, n, \cdots)$ とする．任意の事象 B に対して

$$P(A_k | A \cap B) = \frac{P(A_k) P(B|A_k)}{\sum_{i=1}^{\infty} P(A_i) P(B|A_i)}, \quad k - 1, \cdots, n, \cdots$$

が成立する．

第 2 章 条件付き確率

上の 2 つの定理において，$A = \Omega$ の場合がよく使用される．この場合，全確率の定理およびベイズの定理は次のようになる．

全確率の公式 $$P(B) = \sum_{i=1}^{n} P(A_i) P(B|A_i)$$

ベイズの公式 $$P(A_k|B) = \frac{P(A_k) P(B|A_k)}{\sum_{i=1}^{n} P(A_i) P(B|A_i)}$$

注意 2.4 $P(A_k)$ を事前確率，$P(A_k|B)$ を事後確率という．

全確率の定理およびベイズの定理は次のような図（これを確率の樹という）を描くと理解しやすい．一般の場合も同様であるのでここでは $n = 2$ の場合の確率の樹を描く．事象 A_1, A_2 が Ω の分割で，B は任意の事象とする．

```
                    P(B|A_1)
           P(A_1)  ┌──────→ B    P(A_1) P(B|A_1)
         ┌────→ A_1┤
         │         │P(B^c|A_1)
         │         └──────→ B^c  P(A_1) P(B^c|A_1)
    Ω ───┤
         │         P(B|A_2)
         │  P(A_2)┌──────→ B    P(A_2) P(B|A_2)
         └────→ A_2┤
                   │P(B^c|A_2)
                   └──────→ B^c  P(A_2) P(B^c|A_2)
```

例題 2.4

選挙権を持つ吉備の里市民を 3 つの集団 A(66 歳以上の市民)，B(35 歳から 65 歳までの市民)，C(20 歳から 34 歳までの市民) に層別して玉虫色党を支持するかしないか調査した．集団 A では 80%，集団 B では 25%，集団 C では 10% が玉虫色党を支持するという結果が得られた．選挙権を持つ吉備市民の人口の 20% が集団 A，50% が集団 B，そして 30% が集団 C であるという．吉備の里市民から 1 人を選び，選ばれた人が玉虫色党を支持する確率を求めよ．また選ばれた人が玉虫色党を支持するとき，その人が集団 A に属す確率を求めよ．

解答 集団 A に属す市民である事象を A，集団 B に属す市民である事象を B，集団 C に属す市民である事象 C とする．玉虫色党を支持する事象を S とすれば，全確率の定理より

$$P(S) = P(A)P(S|A) + P(B)P(S|B) + P(C)P(S|C)$$
$$= 0.2 \times 0.8 + 0.5 \times 0.25 + 0.3 \times 0.1 = 0.315.$$

選ばれた人が玉虫色党を支持するとき，その人が集団 A に属す市民である確率は $P(A|S)$ であるから，ベイズの定理より

$$P(A|S) = \frac{P(A)P(S|A)}{P(S)} = \frac{0.16}{0.315} = 0.508.$$

例 2.2 選挙権を持つ吉備の里市民に対して玉虫色党を支持するかしないか調査した．66 歳以上の市民については 80% の支持があった．そうでない市民については 30% の支持があった．選挙直前にある町内から任意に 1 人を選んで調査したら玉虫色党を支持すると答えた．この人が 66 歳以上の市民である確率について考える．66 歳以上の市民については 80% が支持であったので，当然この確率は高い（1 に近い）と思われる．はたしてどうであろうか？ この町内での 66 歳以上の市民の割合は未知であるが，仮に 5% として考えてみよう．

66 歳以上の市民である事象を A，65 歳以下の市民である事象を B とする．玉虫色党を支持するという事象を S とすると全確率の定理より

$$P(S) = P(A)P(S|A) + P(B)P(S|B)$$
$$= 0.05 \times 0.8 + 0.95 \times 0.30 = 0.325.$$

求める確率は $P(A|S)$ であるから，ベイズの定理より

$$P(A|S) = \frac{P(A)P(S|A)}{P(S)} = \frac{0.04}{0.325} = 0.123.$$

予想に反して非常に低い確率となった．どこに原因があるのだろうか？ 調査地域での 66 歳以上の市民の割合を x% としてみよう．上と同様な議論により，

$$P(S) = (5x + 300)/1000$$
$$P(A|S) = P(A)P(S|A)/P(S) = 8x/(5x + 300), \quad 0 \leq x \leq 100.$$

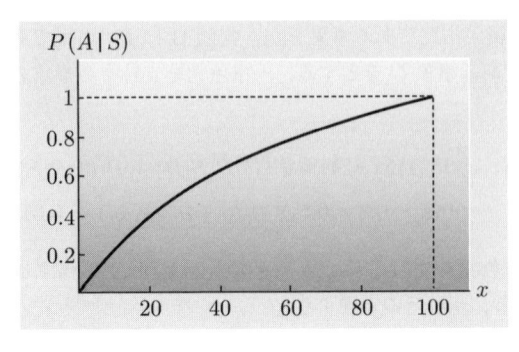

条件付き確率 $P(A|S)$

$P(A|S)$ は x の関数だからそのグラフを描いてみると上のようになる.

この図より,調査区域に住んでいる 66 歳以上の市民の割合 (x) が $P(A|S)$ に強い影響を及ぼしていることがわかる. 結局,選ばれた人が 66 歳以上の市民である確率が非常に低かったのは,調査区域に住んでいる 66 歳以上の市民の割合が小さかったせいであることがわかる. 従ってこの種の調査は他の情報や調査方法も用いて慎重に行う必要がある.

練習問題

2.1 公式 (2.4) を示せ. [ヒント] 数学的帰納法を用いよ.

2.2 ある検査薬は肺ガン患者に対しては 85% が,そうでない人に対しては 10% が反応を示すという. 吉備の里病院からランダム(無作為)に患者を選んでこの検査薬を投与したら反応があった. ただし,この病院の入院患者の内 2% が肺ガン患者である. 選ばれた患者が肺ガン患者である確率を求めよ.
[ヒント] 選ばれた人が肺ガン患者であるという事象を A, 選ばれた人が反応したという事象 B をとると,求める確率は $P(A|B)$ である.

2.3 ある地方では男 100 人の内 5 人,女 10,000 人の内 25 人は色盲である. この地方の人口 1000 人(男 600 人,女 400 人)の町から色盲の人をランダムに選んだ. 選ばれた人が男である確率を求めよ.

2.3 吉備の里市の市民は男と女の比率が 7 対 3 である. 男の 7 割,女の 3 割がタバコを吸う. タバコを吸う人をランダムに選ぶとき,選ばれた人が女である確率を求めよ.

第3章

確率変数と分布関数

調査や実験において観測するのは数値である場合が多い．このランダムに観測される数値を数理的にとらえるものが確率変数である．本章ではこれについて解説する．

3.1 確率変数

確率空間 $(\Omega, \mathscr{F}, P)$ 上の確率変数とはどういうものかを例をあげてわかりやすく説明しよう．例えば，日本の高校 3 年生の全体（標本空間）から 1 人を選んで数学の試験をし（実験），その点数を調べることを考えよう．選ばれる生徒は誰でも平等とするとこの試験はランダムな現象を伴う実験（確率空間）となる．その理由を述べよう．選ばれる生徒が特定されたなら点数が何点という具体的な結果が得られるが，どの生徒が選ばれるかわからないので試験の結果得られるであろう点数 X は具体的にはわからない．実際に実験をすれば観測されるであろうこの未知の点数 X を変数とみなす．この変数 X が何点以上何点以下となる結果，何点以上となる結果等の確率が理論的に決定（あるいは具体的に計算）できれば都合がよい．変数 X の挙動の確率が確定できるといった性質を持つ変数 X を確率変数とよぶのである．この確率変数の概念は数学的には次のように定義される．

確率変数の定義　Ω 上の実数値関数 X が次の条件

"任意の実数 a に対し，$\{\omega \in \Omega; X(\omega) \leq a\}$ は事象である"

をみたすとき，X は**確率変数**とよばれる．

すなわち，確率変数を関数としてとらえようとするのである．定義から X が確率変数ならば，この変数 X が a 点以下となる事象 $\{\omega \in \Omega; X(\omega) \leq a\}$ の確率 $P(\{\omega \in \Omega; X(\omega) \leq a\})$ が決定される．どのような観測値がどれくらいの確率で起こるのかが知りたいのだからこの定義は理にかなっている．事象は集合の記号を用いて表され，さらにその集合の記号もしばしば省略してかかれる場合が多い．2 つの確率変数の積事象 $\{\omega \in \Omega; X(\omega) \geq a\} \cap \{\omega \in \Omega; Y(\omega) \geq b\}$ を $\{\omega \in \Omega; X(\omega) \geq a, Y(\omega) \geq b\}$ とかくことも多い．省略して表現されるものの典型的な例を掲げよう．記号 $\Leftrightarrow$ の右側が省略されたものである．

$\{\omega \in \Omega; X(\omega) \leq a\} \Leftrightarrow \{X \leq a\};$ $\quad$ $\{\omega \in \Omega; X(\omega) = a\} \Leftrightarrow \{X = a\};$
$\{\omega \in \Omega; X(\omega) < a\} \Leftrightarrow \{X < a\};$ $\quad$ $\{\omega \in \Omega; X(\omega) > a\} \Leftrightarrow \{X > a\};$
$\{\omega \in \Omega; a \leq X(\omega) < b\} \Leftrightarrow \{a \leq X < b\};$
$\{\omega \in \Omega; a < X(\omega) \leq b\} \Leftrightarrow \{a < X \leq b\}.$

他の場合も同様な規則で省略される．事象の確率もしばしば省略してかかれる．典型的な例を述べよう．

$P(\{X \leq a\}) \Leftrightarrow P(X \leq a);$ $\quad$ $P(\{X = a\}) \Leftrightarrow P(X = a);$
$P(\{X(\omega) < a\}) \Leftrightarrow P(X < a);$ $\quad$ $P(\{X(\omega) > a\}) \Leftrightarrow P(X > a);$
$P(a \leq X(\omega) < b) \Leftrightarrow P(a \leq X < b);$
$P(\{X \geq a, Y \geq b\}) \Leftrightarrow P(X \geq a, Y \geq b).$

他の場合も同様な規則で省略される．

本書では**離散型確率変数**と確率密度関数を持つ**連続型確率変数**を扱う．確率変数 X が**離散型**とは確率変数 X の取り得る値の集合 $\{X(\omega); \omega \in \Omega\}$ が離散集合のときにいう．集合 $\{X(\omega); \omega \in \Omega\}$ が離散集合ということは X の取り得る値が $x_1, \cdots, x_n$（有限個），または $x_1, \cdots, x_n, \cdots$（可算無限個）であるということである．つまり X の取り得る値の集合 $\{X(\omega); \omega \in \Omega\}$ が

$$\{X(\omega); \omega \in \Omega\} = \{x_1, \cdots, x_n\} \text{ または } \{x_1, \cdots, x_n, \cdots\}$$

のとき，確率変数 X は離散型と呼ばれるのである．このとき，有限個または可算無限個のどちらの場合に対しても

$$\sum_{i=1}^{n} P(X = x_i) = 1 \text{ または } \sum_{i=1}^{\infty} P(X = x_i) = 1$$

となる. 確率変数 X が**連続型**とは任意の実数 x に対し, $P(X=x)=0$ がみたされるときにいう.

例 3.1 均質なサイコロを振る実験を行う. i の目がでる事象を $\omega_i (i=1,\cdots,6)$ とすると標本空間は $\Omega = \{\omega_1,\cdots,\omega_6\}$ となる. Ω 上の関数 X を次のように定義する.

$$X(\omega_i) = \begin{cases} 1, & i=2,4,6, \\ 0, & i=1,3,5. \end{cases}$$

X の取り得る値の集合は 2 個の元からなる集合 $\{0,1\}$ である. 1 章で述べたように標本空間 Ω が**離散集合**だから完全加法族 $\mathscr{F}$ として Ω の部分集合の全体が採用される (例 1.4 参照). 従って X は離散型確率変数である. 偶数の目がでたら X の観測値は 1, そうでないときは X の観測値は 0 となる. 従って, 事象 $\{X=1\}$ は偶数の目がでるという結果を, 事象 $\{X=0\}$ は奇数の目がでるという結果を表す.

注意 3.1 例 3.1 の最初の 1 文 "均質なサイコロを振る実験を行う" でもってランダムな現象を伴う実験 (いわゆる確率空間) が述べられていることに注意しなければならない. つまり, この 1 文は標本空間は $\Omega = \{\omega_1,\cdots,\omega_6\}$, 完全加法族 $\mathscr{F}$ は Ω の部分集合の全体,

$$P(\omega_1) = P(\omega_2) = \cdots = P(\omega_6) = 1/6$$

をみたす確率測度 P の組である確率空間 $(\Omega, \mathscr{F}, P)$ を意味しているのである. またこの例で述べたこと "X は離散型確率変数である" は一般的に成立する. すなわち, **標本空間 Ω が離散集合であるときは Ω 上の関数は何であれすべて離散型確率変数となる**.

例 3.1 と同じ実験と確率変数 X を考えてみよう. この場合, 確率空間 $(\Omega, \mathscr{F}, P)$

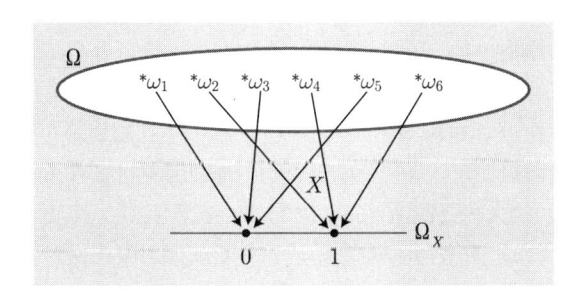

そのものではなく確率変数 X の分布状況およびその観測値が重要なのである．確率変数 X により抽象的な集合である標本空間 Ω は実数系の中の集合に写される．この集合を記号で Ω_X(または $\mathscr{X}$) で表し，(X の) 標本空間という．式でかくと $\Omega_X = \{0,1\}$ となる．

わかりにくい確率空間 $(\Omega, \mathscr{F}, P)$ と確率変数 X の組の情報を持ち，しかもわかりやすい確率空間を標本空間 Ω_X（または $\mathscr{X}$）を使って構成できることを示そう．完全加法族としては $\mathscr{F}_X = \{\emptyset, \{0\}, \{1\}, \{0,1\}\}$ を採用すればよい．対 $(\Omega_X, \mathscr{F}_X)$ もしばしば**可測空間**とよばれる．確率測度 P_X として

$$P_X(A) = P(X^{-1}(A)), \quad A \in \mathscr{F}_X$$

を採用する．ここに集合 $X^{-1}(A)$ は確率変数 X によって A 内に写される標本空間 Ω の元 ω の全体 $(= \{\omega \in \Omega; X(\omega) \in A\})$ である．これででき上がり！すなわち，組 $(\Omega_X, \mathscr{F}_X, P_X)$ は確率空間となるのである．従ってこれまで述べてきた確率空間 $(\Omega, \mathscr{F}, P)$ に関する諸公式はすべて対応する記号に置き換えれば確率空間 $(\Omega_X, \mathscr{F}_X, P_X)$ に対してそのまま成立する．今具体的な例で述べたが，同様な方法で一般の確率変数に対しても可測空間 $(\Omega_X, \mathscr{F}_X)$，確率空間 $(\Omega_X, \mathscr{F}_X, P_X)$ が構成できる．

3.2 確率密度関数と確率関数

今後はランダムな実験を記述する確率空間 $(\Omega, \mathscr{F}, P)$ は表にでず，対象となっている確率変数 X から構成される可測空間 $(\Omega_X, \mathscr{F}_X)$ および確率空間 $(\Omega_X, \mathscr{F}_X, P_X)$ から議論を始めることにする．しかし，"あるランダムな実験（確率空間 $(\Omega, \mathscr{F}, P)$) をしている"が出発点になっていることを頭の片隅に覚えておいてください．ランダムな実験（いわゆる確率空間）の結果として得られる X の実現値 x も必要であるが，この実現値がどの程度の確率で観測されるかとか，この事象の起こる確率はいくらかといったことを決定することが重要である．つまり，観測値（データともいう）の出現する確率構造を調べることが非常に大事なのである．確率空間 $(\Omega_X, \mathscr{F}_X, P_X)$ はわかりやすいといってもこのままでは特徴がとらえにくい．これらの特徴を目に見える形で，あるいは我々がよく知っている数学的な量（グラフ，関数，$\cdots$) で表してみよう．確率空間 $(\Omega, \mathscr{F}, P)$ の下での確率変数 X の分布状況の全体像を表すものとして確率密度関数や確率分布関数がある．以下これらについて述べよう．

3.2 確率密度関数と確率関数

確率密度関数の定義 関数 $f(x)$ が確率密度関数とは
(i) $f(x)$ は $\mathscr{R}$ 上の非負値関数，すなわち，$f(x) \geq 0 \quad (x \in \mathscr{R})$，
(ii) 曲線と軸とで囲まれる面積が 1 である，すなわち，$\displaystyle\int_{-\infty}^{\infty} f(x)dx = 1$
がみたされるときにいう．

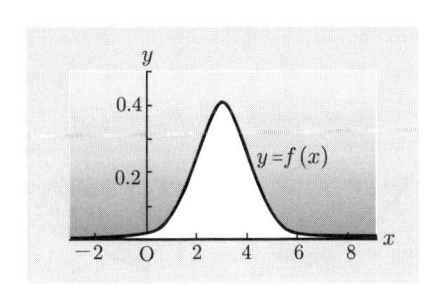

確率密度関数 $f(x)$ のグラフの例

注意 3.2 無限積分 $\displaystyle\int_{-\infty}^{\infty} f(x)dx = 1$ の数学的解釈はわからなくてもいい．要は上の図において $y = f(x)$ の曲線と x 軸とで囲まれる面積が 1 であると図形的に解釈できればよいのである．これなら誰にでも理解しやすい．

例 3.2 確率密度関数 $f(x)$ のグラフの例を述べよう．
(i) 一様密度関数

$$f(x) = \begin{cases} 1, & 0 \leq x \leq 1, \\ 0, & x < 0 \text{ または } x > 1. \end{cases}$$

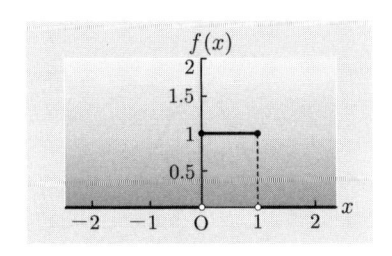

一様密度関数のグラフ

(ii) **指数密度関数**

$$f(x) = \begin{cases} e^{-x}, & x \geq 0, \\ 0, & x < 0. \end{cases}$$

(iii) **正規密度関数**

$$f(x) = \frac{1}{\sqrt{2\pi}} \exp\left(-\frac{x^2}{2}\right), \quad -\infty < x < \infty.$$

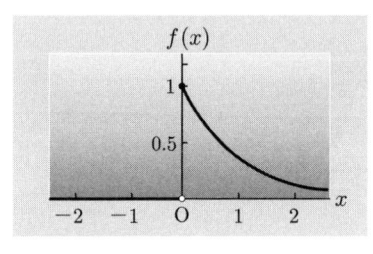

指数密度関数のグラフ 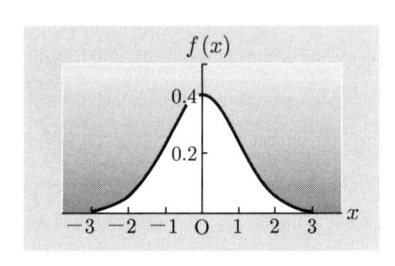　　　　正規密度関数のグラフ

以後，確率密度関数を単に**密度関数**と省略する．密度関数 $f_X(x)$ が X の密度関数とは

$$P(X \leq x) = \int_{-\infty}^{x} f_X(t)dt, \quad -\infty < x < \infty$$

と表されるときにいう．このとき X は密度関数 $f_X(x)$ を持つともいう．このとき，事象 $\{a \leq X \leq b\}$（観測値が a と b の間に観測されるという結果）の確率は $P(a \leq X \leq b) = \int_{a}^{b} f_X(t)dt$ となる．つまり，確率 $P(a \leq X \leq b)$ を求めることは下図のような図形（x 軸，曲線および 2 直線 $x = a, x = b$ とで囲

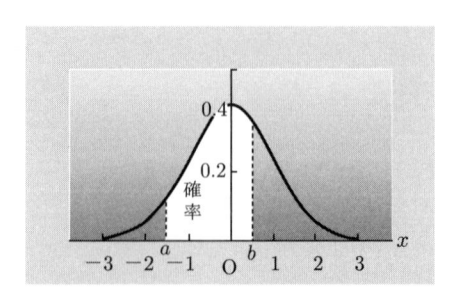

3.2 確率密度関数と確率関数

まれた部分）の面積を求めることと同じである．

　密度関数を持つ確率変数は連続型である．確率密度関数に相当するものとして離散型確率変数に対しては**確率関数** $p_X(x) = P(X = x)$ がある．確率変数 X を**離散型**とし，X の取り得る値の集合 $\Omega_X(= \{X(\omega); \omega \in \Omega\})$ を

$$\Omega_X = \{x_1, \cdots, x_n\} \text{ または } \{x_1, \cdots, x_n, \cdots\}$$

とする．便宜上 $d = n$ または ∞ とする．$p_i = P(X = x_i)(i = 1, \cdots, d)$ とおくと

(i) 　$p_i \geq 0, \quad i = 1, \cdots, d$ 　　(ii) 　$\sum_{i=1}^{d} p_i = 1$

が成立する．集合 $\{p_i; i = 1, \cdots, d\}(= \{p_1, p_2, \cdots, p_d\})$ を**確率分布**という．また，次の表を確率変数 X の（**確率**）**分布表**という．

(i) 　Ω_X が有限集合の場合

x	x_1	x_2	$\cdots$	x_n
$P(X = x)$	p_1	p_2	$\cdots$	p_n

(ii) 　Ω_X が無限集合の場合

x	x_1	x_2	$\cdots$	x_n	$\cdots$
$P(X = x)$	p_1	p_2	$\cdots$	p_n	$\cdots$

確率関数は下図のような棒グラフによって表される．

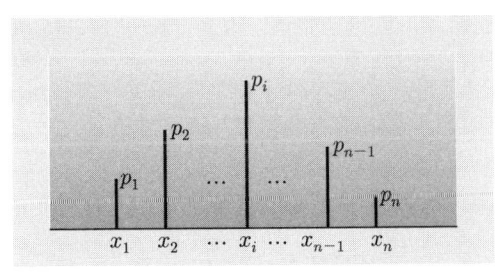

Ω_X が有限集合の場合の確率関数の図

　混乱の恐れのないときはしばしば $f_X(x), p_X(x)$ を単に $f(x), p(x)$ と書くことにする．

3.3 確率分布関数

確率分布関数の定義 $F_X(x) \equiv P(X \leq x)$ とおき，F_X を X の確率分布関数という．

確率分布関数を分布関数と略すことにする．混乱の恐れのないときはしばしば $F_X(x)$ を単に $F(x)$ とかくことにする．離散型確率変数 X の確率分布関数は $F_X(x) = \sum_{x_i \leq x} P(X = x_i)$ とかける．また，密度関数 $f(x)$ を持つ確率変数 X の確率分布関数は $F_X(x) = \int_{-\infty}^{x} f(x)dx$ とかける．次の例で示すように，$F_X(x)$ は右連続な単調増加関数である．

例 3.3 次の (i)〜(iv) に対して確率変数 X の分布関数のグラフを描いてみよう．

(i) 均質な硬貨を振ったとき，表がでたら $X = 1$，裏がでたら $X = 0$ とする．

また，確率変数 X の確率分布表は次のようになる．

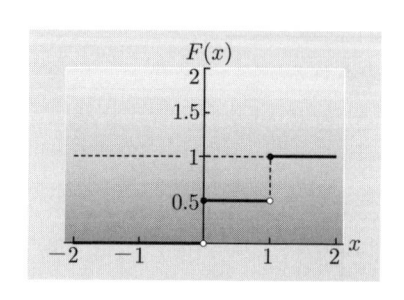

x	0	1
$P(X=x)$	0.5	0.5

分布関数のグラフ (i)

(ii) 確率変数 X は一様密度関数

$$f(x) = \begin{cases} 1, & 0 \leq x \leq 1, \\ 0, & x < \text{または} \; x > 1 \end{cases}$$

を持つ．

3.3 確率分布関数

(iii) 確率変数 X は指数密度関数

$$f(x) = \begin{cases} e^{-x}, & x \geq 0, \\ 0, & x < 0 \end{cases}$$

を持つ.

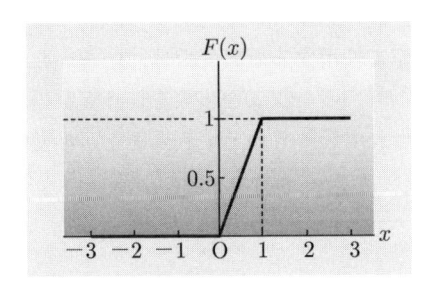

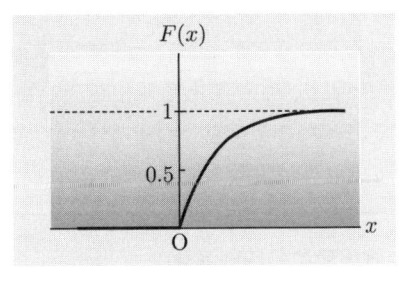

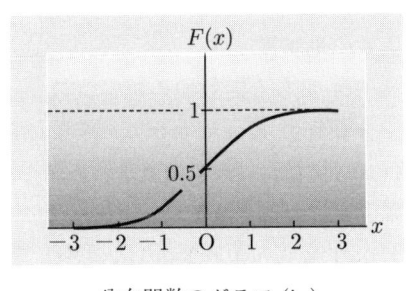

分布関数のグラフ (ii)

分布関数のグラフ (iii)

(iv) 確率変数 X は正規密度関数

$$f(x) = \frac{1}{\sqrt{2\pi}} \exp\left(\frac{-x^2}{2}\right), \quad -\infty < x < \infty$$

を持つ.

分布関数のグラフ (iv)

これまでは1度に1種類の確率変数 X のみを扱ってきたが,1度に多数のあるいは多種類の確率変数を扱う場合の方がむしろ多い.例えば,

(i) 確率変数 X に対して,3個の確率変数 $2X, 3X+1, X^2$ を考える.
(ii) 2個の確率変数 X, Y に対して,確率変数 $XY, X/Y$ を考える.

(iii) 3個の確率変数の列 X_1, X_2, X_3 に対して，それらの平均を表す確率変数 $(X_1 + X_2 + X_3)/3$ を考える．

しかしこれらの式をよく見ると，実数と確率変数の積，確率変数と実数の足し算，確率変数と確率変数の積，確率変数と確率変数の割り算，確率変数と確率変数との和，などが混じりあっている．実数と実数の四則演算ならわかるが，これは妙なことだなと思う人は多いだろう．これについて説明する．後々よく出てくるので覚えておくとよい．以下本章で使用する確率変数は，いちいち述べない限り，すべてある確率空間 $(\Omega, \mathscr{F}, P)$（ランダムな事象を伴う実験のことであったことを思いだそう！）で定義されているものとする．また，小文字の a, b, c 等は実数とする．

確率変数の四則演算

(i) 確率変数と確率変数の和　$X + Y$

関数 $X + Y$ は $(X+Y)(\omega) = X(\omega) + Y(\omega)\,(\omega \in \Omega)$ で定義される確率変数である．特に $X(\omega) = 1\,(\omega \in \Omega)$ である定数値の確率変数 X は 1 で表す．

(ii) 実数と確率変数の積　aX

関数 aX は $(aX)(\omega) = a \times X(\omega)\,(\omega \in \Omega)$ で定義される確率変数である．

(iii) 確率変数と実数の足し算　$X + c$

$X(\omega) = 1\,(\omega \in \Omega)$ である定数値の確率変数 X は 1 で表される．確率変数 $X + c1$ を便宜上 $X + c$ とかく．すなわち，関数 $X + c$ は $(X+c)(\omega) = X(\omega) + c\,(\omega \in \Omega)$ で定義される確率変数である．

(iv) 確率変数と確率変数の積　XY

関数 XY は $(XY)(\omega) = X(\omega) \times Y(\omega)\,(\omega \in \Omega)$ で定義される確率変数である．特に，2個の積 XY を X^2，n 個の積 $XX \cdots X$ を X^n で表す．

(v) 確率変数と確率変数の割り算　X/Y

関数 X/Y は $(X/Y)(\omega) = X(\omega)/Y(\omega)\,(\omega \in \Omega)$ で定義される確率変数である．ただし，$Y(\omega) \neq 0\,(\omega \in \Omega)$ のときに限る．

3.3 確率分布関数

もう1つのよく使用される形として次のようなものがある．1変数関数 $f(x) = x^2 - 2x + 1$，3変数関数 $g(x,y,z) = (x+y+z)/3$ に対して，$f(X)$，$g(X_1, X_2, X_3)$ なる記号をよくみる．実変数のところに確率変数（関数でもある！）が陣取っているのも奇妙な感じがする．これを説明する．

(i) 確率変数の関数 $f(X)$
  関数 $f(X)$ は
  $$f(X)(\omega) = f(X(\omega)) \quad (\omega \in \Omega)$$
  で定義される確率変数である．つまり，確率変数 $f(X)$ は関数 f と確率変数 X の合成関数なのである．

(ii) 確率変数の多変数関数 $g(X_1, X_2, \cdots, X_n)$
  関数 $g(X_1, X_2, \cdots, X_n)$ は
  $$g(X_1, \cdots, X_n)(\omega) = g(X_1(\omega), \cdots, X_n(\omega)) \quad (\omega \in \Omega)$$
  で定義される確率変数である．つまり，確率変数 $g(X_1, X_2, \cdots, X_n)$ は関数 g と確率ベクトル（n 個の確率変数の組）$(X_1, \cdots, X_n)$ の合成関数なのである．

例題 3.1

均質に作られた赤，青，白の3個の硬貨を同時に振る実験を行う．各硬貨において表には1，裏には0と書いた紙を貼る．赤，青，白の硬貨の目の数を順に X, Y, Z とする．
(1) 3個の硬貨の目の数の総和が1である確率を求めよ．
(2) 3個の硬貨のどれかが裏である確率を求めよ．
(3) 赤の硬貨の目の数と青の硬貨の目の数が1である確率を求めよ．
(4) $g(x) = 100(x^2 - x)$ とおく．赤の硬貨の目の数が x ならば $g(x)$ 円もらえるという．10円もらえる確率を求めよ．

[解答] 実験の結果，赤，青，白の硬貨の目の数が順に i, j, k である事象を (i, j, k) で表すことにする．そうすると標本空間は

$$\Omega = \{(i, j, k); i = 0, 1, j = 0, 1, k = 0, 1\}$$

となる．

(1) 3個の硬貨の総和が1である事象は $\{X + Y + Z = 1\}$ である．$\{X + Y + Z = 1\} = \{(1, 0, 0), (0, 1, 0), (0, 0, 1)\}$ だから，$P(X + Y + Z = 1) = P((X, Y, Z) = (1, 0, 0)) + P((X, Y, Z) = (0, 1, 0)) + P((X, Y, Z) = (0, 0, 1))$. $\{(X, Y, Z) = (1, 0, 0)\} = \{X = 1\} \cap \{Y = 0\} \cap \{Z = 0\}$ と X, Y, Z の独立性により，

$$P((X, Y, Z) = (1, 0, 0)) = P(X = 1) \, P(Y = 1) \, P(Z = 0) = \frac{1}{2} \times \frac{1}{2} \times \frac{1}{2} = \left(\frac{1}{2}\right)^3.$$

同様な議論で，$P((X, Y, Z) = (0, 1, 0)) = (1/2)^3, P((X, Y, Z) = (0, 0, 1)) = (1/2)^3$ を得る．確率の基本公式 (4b) により，求める確率は 3/8 である．

(2) 3個の硬貨のどれかが裏である事象 $\{XYZ = 0\}$ は3個の硬貨のすべてが表である事象 $\{XYZ = 1\}$ の余事象であるから，まずは $P(XYZ = 1)$ の値を求める．$\{XYZ = 1\} = \{X = 1\} \cap \{Y = 1\} \cap \{Z = 1\}$ と X, Y, Z の独立性により，$P(XYZ = 1) = P(X = 1)P(Y = 1)P(Z = 1) = 1/8$. 確率の基本公式 (5) より，$P(XYZ = 0) = 1 - P(XYZ = 1) = 7/8$.

(3) 赤の硬貨と青の硬貨の目の数が1であるという事象は $\{X = Y = 1\}$ と表される．$\{X = Y = 1\} = \{(1, 1, 1), (1, 1, 0)\}$ だから，確率の基本公式 (4b) より，$P(X = Y = 1) = P((X, Y, Z) = (1, 1, 1)) + P((X, Y, Z) = (1, 1, 0)) = 1/8 + 1/8 = 1/4$.

(4) 10円もらえるという事象は $\{g(X) = 10\}$ で表される．$g(X)(\omega) = 100X(\omega)(1 - X(\omega))$ だから確率変数 $g(X)$ の取り得る値は0のみである．従って，$P(g(X) = 10) = 0$.

練習問題

3.1 均質に作られたサイコロを振る実験を行う．でる目の数を X とするとき，確率変数 $X - 3$ の分布関数のグラフを描け．

3.2 均質に作られた硬貨を3回続けて振る実験を行う．ただし，硬貨を振る前によくかき混ぜる．各回において硬貨の表がでれば1，裏がでれば0を対応させる．3回続けて振ったとき，観測される数を順に X_1, X_2, X_3 とする．
  (1) $h(x, y, z) = x + y + z$ のとき，確率変数 $h(X_1, X_2, X_3)$ の分布表をかけ．
  (2) $h(x, y, z) = xyz$ のとき，確率変数 $h(X_1, X_2, X_3)$ の分布表をかけ．

第4章

確率変数の平均値と分散

前章では確率変数 X の分布状況の全体像を表すものとして確率密度関数や確率分布関数を考えた．この章では部分的な特徴を表すもの（統計的代表値という）を考える．確率変数 X の値がどの値の付近に分布するかを表す代表値として平均値 $E[X]$ がある．確率変数 X の値が平均のまわりにバラツク度合いを表す指標として分散 $V[X]$ がある．

4.1 離散型確率変数の平均値と分散

離散型確率変数の平均値，分散について述べる．確率変数 X が離散型とは，X の取り得る値の集合 $\Omega_X (=\{X(\omega); \omega \in \Omega\})$ が $\Omega_X = \{x_1, \cdots, x_n\}$ または $\{x_1, \cdots, x_n, \cdots\}$ のときにいうことを思いだそう．X の**平均値** $E[X]$，X の**分散** $V[X]$ は次のように定義される．

確率変数 X の取り得る値が有限個の場合：

$$E[X] \equiv \sum_{i=1}^{n} x_i P(X = x_i), \quad V[X] \equiv \sum_{i=1}^{n} (x_i - E[X])^2 P(X = x_i).$$

確率変数 X の取り得る値が無限個の場合：

$$E[X] \equiv \sum_{i=1}^{\infty} x_i P(X = x_i), \quad V[X] \equiv \sum_{i-1}^{\infty} (x_i - E[X])^2 P(X = x_i).$$

関数 $h(x)$ に対して確率変数 $h(X)$ を考える場合には，平均値および分散は次のように定義される．

$$E[h(X)] \equiv \sum_{i=1}^{n} h(x_i) P(X = x_i),$$

$$V[h(X)] \equiv \sum_{i=1}^{n} (h(x_i) - E[h(X)])^2 P(X = x_i).$$

第 4 章 確率変数の平均値と分散

分散の値を計算するのに次の公式は覚えておくと便利である．

$$V[X] = E[X^2] - E[X]^2 \tag{4.1}$$

$$V[h(X)] = E[h(X)^2] - E[h(X)]^2 \tag{4.2}$$

例 4.1　X を離散型確率変数とし，X の取り得る値を $x_1, \cdots, x_n$ とする．$P(X = x_1) = \cdots = P(X = x_n)$ のとき，$E[X]$ および $V[X]$ を求めよう．

確率変数 X は等確率分布をするから $P(X = x_i) = 1/n \, (i = 1, \cdots, n)$．従って，

$$E[X] = \frac{1}{n} \sum_{i=1}^{n} x_i, \quad V[X] = \frac{1}{n} \sum_{i=1}^{n} (x_i - \bar{x})^2.$$

小学校以来なじみの（試験の）平均点がこれであったことを思いだそう．

例題 4.1

離散型確率変数 X の取り得る値の集合 $\Omega_X (= \{X(\omega); \omega \in \Omega\})$ が $\Omega_X = \{x_1, \cdots, x_n\}$ のとき，

$$V[X] = E[X^2] - E[X]^2$$

を証明せよ．

[解答]　$p_i = P(X = x_i) \, (i = 1, \cdots, n), \mu = E[X]$ とおくと

$$\begin{aligned}
V[X] &= \sum_{i=1}^{n} (x_i - \mu)^2 p_i = \sum_{i=1}^{n} (x_i^2 - 2\mu x_i - \mu^2) p_i \\
&= \sum_{i=1}^{n} (x_i^2 p_i - 2\mu x_i p_i + \mu^2 p_i) \\
&= \sum_{i=1}^{n} x_i^2 p_i - 2\mu \sum_{i=1}^{n} x_i p_i + \mu^2 \sum_{i=1}^{n} p_i \\
&= E[X^2] - 2\mu E[X] + \mu^2 = E[X^2] - \mu^2
\end{aligned}$$

例題 4.2

X の確率分布表が

x	-3	-1	0	1	2	3	5	8
$P(X=x)$	0.1	0.2	0.15	0.2	0.1	0.15	0.05	0.05

であるとき次の値を求めよ．

(1) $P(1 < X < 8)$ 　　　(2) $P(1 \leq X < 8)$
(3) $P(1 < X \leq 8)$ 　　　(4) $P(1 \leq X \leq 8)$
(5) $P(X = 0 | X \leq 0)$ 　　　(6) $P(X = 0 | X < 0)$
(7) $P(1 < X < 2 | X > 0)$ 　　　(8) $P(X \geq 3 | X \geq 2)$
(9) $E[X]$ 　　　(10) $V[X]$
(11) X の分布関数のグラフを描け．

[解答] (1) $\{1 < X < 8\} = \{X = 2\} \cup \{X = 3\} \cup \{X = 5\}$ で，3つの事象 $\{X = 2\}$, $\{X = 3\}$, $\{X = 5\}$ は互いに排反だから確率の基本公式 (4b) より

$$P(1 < X < 8) = P(X = 2) + P(X = 3) + P(X = 5)$$
$$= 0.1 + 0.15 + 0.05 = 0.3.$$

(2) $\{1 \leq X < 8\} = \{1 < X < 8\} \cup \{X = 1\}$ で，$\{1 < X < 8\}$ と $\{X = 1\}$ は互いに排反だから，確率の基本公式 (4b) より

$$P(1 \leq X < 8) = P(1 < X < 8) + P(X = 1) = 0.3 + 0.2 = 0.5.$$

(3) $\{1 < X \leq 8\} = \{1 < X < 8\} \cup \{X = 8\}$ で，$\{1 < X < 8\}$ と $\{X = 8\}$ は互いに排反だから，確率の基本公式 (4b) より

$$P(1 < X \leq 8) = P(1 < X < 8) + P(X = 8) = 0.3 + 0.05 = 0.35.$$

(4) $\{1 \leq X \leq 8\} = \{1 < X \leq 8\} \cup \{X = 1\}$ で，$\{1 < X \leq 8\}$ と $\{X = 1\}$ は互いに排反だから，確率の基本公式 (4b) より

$$P(1 \leq X \leq 8) = P(1 < X \leq 8) + P(X = 1) = 0.35 + 0.2 = 0.55.$$

(5) 条件付き確率の定義より，

$$P(X=0|X\leq 0) = \frac{P(X=0, X\leq 0)}{P(X\leq 0)}$$
$$= \frac{P(X=0, X\leq 0)}{P(X\leq 0)} = \frac{P(X=0)}{P(X\leq 0)} = \frac{1}{3}.$$

(6) 条件付き確率の定義より,
$$P(X=0|X<0) = \frac{P(X=0, X<0)}{P(X<0)} = \frac{P(\emptyset)}{P(X<0)} = 0.$$

(7) 条件付き確率の定義より,
$$P(1<X<2|X>0) = \frac{P(1<X<2, X>0)}{P(X>0)} = \frac{P(1<X<2)}{P(X>0)}.$$

$P(1<X<2)=0$ だから, $P(1<X<2|X>0)=0$.

(8) 条件付き確率の定義より,
$$P(X\geq 3|X\geq 2) = \frac{P(X\geq 3, X\geq 2)}{P(X\geq 2)} = \frac{P(X\geq 3)}{P(X\geq 2)}.$$

$$P(X\geq 3) = 0.15 + 0.05 + 0.05 = 0.25,$$
$$P(X\geq 2) = P(X\geq 3) + P(X=2) = 0.25 + 0.1 = 0.35$$

だから, $P(X\geq 3|X\geq 2) = 0.25/0.35 = 5/7$.

(9) $E[X] = -3\times 0.1 - 1\times 0.2 + 0\times 0.15 + 1\times 0.2 + 2\times 0.1 + 3\times 0.15 + 5\times 0.05 + 8\times 0.05 = 1.2$.

(10) $E[X^2] = 9\times 0.1 + 1\times 0.2 + 0\times 0.15 + 1\times 0.2 + 4\times 0.1 + 9\times 0.15 + 25\times 0.05 + 64\times 0.05 = 7.5$. 公式 (4.1) より, $V[X] = E[X^2] - E[X]^2 = 7.5 - (1.2)^2 = 6.06$.

(11)

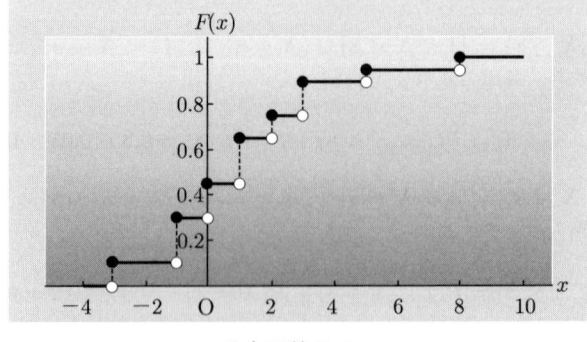

分布関数グラフ

4.2 連続型変数の平均値と分散

密度関数 $f(t)$ を持つ連続型確率変数 X の**平均値** $E[X]$, **分散** $V[X]$ は

$$E[X] = \int_{-\infty}^{\infty} tf(t)dt, \quad V[X] = \int_{-\infty}^{\infty} (t - E(X))^2 f(t)dt$$

で定義される．連続関数 $h(x)$ に対して確率変数 $h(X)$ を考える場合には，確率変数 $h(X)$ の平均値および分散は次のように定義される．

$$E[h(X)] = \int_{-\infty}^{\infty} h(t)f(t)dt, \quad V[h(X)] = \int_{-\infty}^{\infty} (h(t) - E[h(X)])^2 f(t)dt$$

離散型確率変数と同様に，密度関数 $f(t)$ を持つ連続型確率変数 X に対しても次が成立する．

$$V[X] = E[X^2] - E[X]^2, \tag{4.1'}$$
$$V[h(X)] = E[h(X)^2] - E[h(X)]^2. \tag{4.2'}$$

例 4.2 (i) 確率変数 X が次の一様密度関数

$$f(x) = \begin{cases} 1, & 0 \leq x \leq 1, \\ 0, & x < 0 \text{ または } x > 1 \end{cases}$$

を持つとき，X は一様分布に従うという．これを記号で $X \sim U(0,1)$ とかく．このとき，平均値 $E[X]$, 分散 $V[X]$, 分布関数 $F(x)$ は次のようになる．

$$E(X) = \int_{-\infty}^{\infty} tf(t)dt = \int_0^1 tdt = \left[\frac{1}{2}t^2\right]_0^1 = \frac{1}{2},$$

$$V(X) = \int_{-\infty}^{\infty} \left(t - \frac{1}{2}\right)^2 f(t)dt = \int_0^1 \left(t - \frac{1}{2}\right)^2 dt = \frac{1}{12},$$

$$F(x) = \begin{cases} 0, & x < 0, \\ x, & 0 \leq x \leq 1, \\ 1, & x > 1. \end{cases}$$

$F(x)$ のグラフについては例 3.3(ii) を参照せよ．

(ii) 確率変数 X が次の指数密度関数

$$f(x) = \begin{cases} e^{-x}, & x \geq 0, \\ 0, & x < 0 \end{cases}$$

を持つとき，X は指数分布に従うという．これを記号で $X \sim Ex(1)$ とかく．このとき，平均値 $E[X]$，分散 $V[X]$，分布関数 $F(x)$ は次のようになる．

$$E(X) = \int_0^\infty te^{-t}dt = \left[-te^{-t}\right]_0^\infty + \int_0^\infty e^{-t}dt = 1,$$

$$V(X) = E(X^2) - E(X)^2 = \int_0^\infty t^2 e^{-t}dt - 1 = 1,$$

$$F(x) = \begin{cases} 0, & x < 0, \\ 1 - e^{-x}, & x \geq 0. \end{cases}$$

$F(x)$ のグラフについては例 3.3(iii) を参照せよ． ▨

4.3 確率変数の独立性

2 つの確率変数 X, Y が無関係であることを数理的に表すために事象の独立性を利用する．そのために X, Y に関する事象を用いて，次のような定義をする．

独立の定義 I　2 つの確率変数 X, Y が独立 (記号で $X \perp Y$ とかく) とは

"任意の実数 a, b に対し，事象 $\{X \leq a\}$ と $\{Y \leq b\}$ が独立である"

のときにいう．

これを数式を用いて表現すると，確率変数 X, Y が独立とは任意の実数 a, b に対し，

$$P(\{X \leq a\} \cap \{Y \leq b\}) = P(\{X \leq a\})P(\{Y \leq b\})$$

が成立するということになる．さらに，確率変数 X, Y が独立ということと

$$P(\{X \in A\} \cap \{Y \in B\}) = P(\{X \in A\})P(\{Y \in B\}), \quad A, B \in \mathscr{B}$$

が成立することとは同値である．ここに $\mathscr{B}$ は**ボレル加法族**である．ボレル加法族とは開区間や閉区間を含む最小の完全加法族のことである．記号については，$\{X \in A\} = \{\omega \in \Omega; X(\omega) \in A\}$，$\{Y \in B\} = \{\omega \in \Omega; Y(\omega) \in B\}$ であったことを思いだそう（3 章参照）．確率変数 X と Y が独立とは確率変数 X の観測値がどんな値であろうが確率変数 Y の観測値は確率的に無関係である．すなわち $P(Y \in B) = P(Y \in B | X \in A)$ ということである．

3 個以上の確率変数 $X_1, \cdots, X_n$ の間の独立性については 2 種類ある．

独立の定義 II　$n\,(\geq 3)$ 個の確率変数 $X_1, \cdots, X_n$ が**互いに独立**であるとは，$X_1, \cdots, X_n$ の中から任意に選んだ相異なる 2 つの確率変数が独立であるときにいう．

独立の定義 III　$n\,(\geq 3)$ 個の確率変数 $X_1, \cdots, X_n$ が**独立**であるとは，任意の事象 $A_1, \cdots, A_n \in \mathscr{B}$ に対し，

$$P\left(\bigcap_{i=1}^{n}\{X_i \in A_i\}\right) = \prod_{i=1}^{n} P(X_i \in A_i)$$

が成立するときにいう．

平均値の性質として次の公式がよく知られている．

定理 4.1　X, Y および $X_1, \cdots, X_n$ を確率変数，a を実数とする．
(1)　$E[aX] = aE[X]$
(2)　$E[X + Y] = E[X] + E[Y]$
(3)　$E[1] = 1$
(4)　X と Y が独立ならば $E[X \times Y] = E[X] \times E[Y]$
(5)　$E[\sum_{i=1}^{n} X_i] = \sum_{i=1}^{n} E[X_i]$
(6)　$X \leq Y$ ならば $E[X] \leq E[Y]$

例 4.3 X は平均 $E[X]$ をもつ正値確率変数とし，ε を正の実数とする．このとき，マルコフの不等式：

$$P(X \geq \varepsilon) \leq \frac{E[X]}{\varepsilon}$$

が成立することを示そう．関数 $H(x), h(x)$ をそれぞれ $H(x) = 0\,(x < 0)$, $H(x) = x\,(x \geq 0)$, $h(x) = 0\,(x < 1)$, $h(x) = 1\,(x \geq 1)$ で定義する．明らかに $h(x) \leq H(x)$ がすべての実数 x に対して成立する．従って $h(X/\varepsilon) \leq H(X/\varepsilon)$ が成立する．定理 4.1(6) より，$E[h(X/\varepsilon)] \leq E[H(X/\varepsilon)]$．ここでは簡単のため X が離散型の場合，すなわち $\Omega_X = \{x_1, \cdots, x_n\}$ のときに証明をするが，連続型のときも同様に証明できる．$E\left[h\left(\dfrac{X}{\varepsilon}\right)\right] = \sum_{i=1}^{n} h\left(\dfrac{x_i}{\varepsilon}\right) P(X = x_i) = \sum_{x_i \geq \varepsilon} P(X = x_i) = P(X \geq \varepsilon), E[H(X)] = \sum_{i=1}^{n} H\left(\dfrac{x_i}{\varepsilon}\right) P(X = x_i) = \sum_{i=1}^{n} \left(\dfrac{x_i}{\varepsilon}\right) P(X = x_i) = \dfrac{1}{\varepsilon} \sum_{i=1}^{n} x_i P(X = x_i) = \dfrac{E[X]}{\varepsilon}$．故にマルコフの不等式は成立する． ▨

注意 4.1 定理 4.1 の (1),(2) より

$$E[aX + bY] = aE[X] + bE[Y]$$

が成立する．このような性質を平均の**線形性**という．線形性を用いると，

$$E\left[\sum_{i=1}^{n} a_i X_i\right] = \sum_{i=1}^{n} a_i E[X_i]$$

が成り立つことがわかる．

2 つの確率変数 X と Y の関連の有無を表す量として X と Y の共分散

$$\mathrm{Cov}[X, Y] \equiv E[(X - E[X])(Y - E[Y])]$$

がある．これを基準化したもの

$$\mathrm{Cov}[X, Y]/\sqrt{V[X]V[Y]}$$

が X と Y との相関度合を表す量として採用されている．これは "**X と Y との**

4.3 確率変数の独立性

相関係数"と呼ばれ，記号 r_{XY} で表される．コーシー・シュワルツの不等式より，$|r_{XY}| \leq 1$ である．相関係数は統計学の分野では有用な量である．

参考 4.1 n は自然数，$a_1, \cdots, a_n$，$b_1, \cdots, b_n$ は実数とする．次の不等式

$$\left(\sum_{i=1}^{n} a_i b_i\right)^2 \leq \sum_{i=1}^{n} a_i^2 \sum_{i=1}^{n} b_i^2$$

が成立する．等号が成立するのは $a_i = b_i (i = 1, \cdots, n)$ のときに限る．この不等式はコーシー・シュワルツの不等式と呼ばれている．この不等式はあちこちと思いがけないときにでてくる（使用される）ので覚えておくこと．

分散の性質として次の公式がよく知られている．

定理 4.2 X, Y および $X_1, \cdots, X_n$ を確率変数，a, b を実数とする．
(1) $V[aX + b] = a^2 V[X]$．
(2) X と Y が独立ならば，$V[X + Y] = V[X] + V[Y]$，$\mathrm{Cov}[X, Y] = 0$．
(3) $X_1, \cdots, X_n$ が互いに独立ならば，$V\left[\sum_{i=1}^{n} X_i\right] = \sum_{i=1}^{n} V[X_i]$．

例題 4.3

X を確率変数，a, b を実数，$b \neq 0$ とする．ただし，$Z = (X - b)/a$ とおくとき，X の平均 $E[X]$，X の分散 $V[X]$ を Z の平均 $E[Z]$，Z の分散 $V[Z]$ で表せ．

[解答] $X = aZ + b = aZ + b1$ （3章参照）だから，定理 4.1 より，

$$V[X] = a^2 V[Z], \quad E[X] = aE[Z] + bE[1] = aE[Z] + b.$$

上の例題 4.3 において，特に $a = \sqrt{V[X]}$，$b = E[X]$ とおけば，$E[Z] = 0$，$V[Z] = 1$．従って，$Z = (X - E[X])/\sqrt{V[X]}$ と変換すれば，$E[Z] = 0$，$V[Z] = 1$．この意味で $(X - E[X])/\sqrt{V[X]}$ を**標準化された確率変数**という．

例題 4.4

X, Y, Z が互いに独立とし, $E[X] = 1$, $V[X] = 2$, $E[Y] = 0$, $V[Y] = 7$, $E[Z] = 2$, $V[Z] = 7$ とする. $X + Y - 2Z$ の平均値は -3, 分散は 37 となることを示せ.

[解答] 定理 4.1 より,

$$E[X + Y - 2Z] = E[X] + E[Y] - 2E[Z] = 1 + 0 - 4 = -3.$$

$$V[X + Y - 2Z] = V[X] + V[Y] + 4V[Z] = 2 + 7 + 28 = 37.$$

練習問題

4.1 確率変数 X は平均 $E[X]$ および分散 $V[X]$ をもつものとする. a を実数全体を動かすとき, $E[(X-a)^2]$ の最小値およびそのときの a の値を求めよ.

4.2 2つの確率変数 X と Y を離散型とし, それぞれ取り得る値の集合を $\Omega_X = \{x_1, \cdots, x_n\}$, $\Omega_Y = \{y_1, \cdots, y_m\}$ とする. 相関係数 r_{XY} は不等式

$$|r_{XY}| \leq 1$$

を満たすことを証明せよ.

4.3 確率変数 X が次の分布に従うとき, 平均値 $E[X]$, 分散 $V[X]$, 分布関数 $F(x)$ を求めよ.

(1) $f(x) = \begin{cases} 0, & x < 0 \text{ または } x > 1, \\ 2x, & 0 \leq x \leq 1. \end{cases}$

(2) 三角分布 $f(x) = \begin{cases} 0, & |x| > 1, \\ x+1, & -1 \leq x < 0, \\ -x+1, & 0 \leq x \leq 1. \end{cases}$

4.4 確率変数 X は離散型で, $\Omega_X = \{x_1, \cdots, x_n\}$ とし, ε を正の実数とする. このとき, チェビシェフの不等式:

$$P(|X - E[X]| \geq \varepsilon) \leq V[X]/\varepsilon^2$$

が成立することを示せ.

[ヒント] 関数 $H(x)$, $h(x)$ をそれぞれ $H(x) = x^2$, $h(x) = 0(|x| < 1)$, $h(x) = 1(|x| \geq 1)$ で定義する. 明らかに $h(x) \leq H(x)$ がすべての実数 x に対して成立する. 従って, $h((X - E[X])/\varepsilon) \leq H((X - E[X])/\varepsilon)$.

第5章

いろいろな確率分布

この章では確率論や統計学の分野でよく利用される分布をいくつか述べる．前半は離散型確率分布，後半は確率密度関数を持つ連続型確率分布について説明する．

5.1 離散型確率分布

(i) **2項分布** $B(n,p)$：ジェイムス・ベルヌーイ (James Bernoulli) は1713年に出版された論文"推測の技術"でこの分布およびその萌芽的結果（現在，中心極限定理と呼ばれている結果，8章参照）を論じている．一方，ピエール・レモン・ド・モンモール (P.R.De Montmort) の本（1713年出版）でもこの分布が論じられていた．ベルヌーイ一族の伝統的な研究あるいはその本で議論されているこの分布の内容の豊富さのせいかは不明であるが，当初はこの分布はベルヌーイ分布と呼ばれていた．現在では2項分布と呼ぶ．2項分布を説明するために次のようなゲームを考えよう．

中村君と山本君がジャンケンを10回続けて行っている．2人とも明るいので勝っても負けても気にせずジャンケンを続けた．つまり，前の勝ち負けを忘れて新たな気持ち（1回目と同じ気持ちで）でジャンケンをするのであるから，前の結果は次回のジャンケンに何の影響もないということである．このような試行はベルヌーイ試行と呼ばれる試行の一例である．(n回の)**ベルヌーイ試行**とは

"結果がただ2つから成るような実験をn回独立に続けて行う"

という試行のことである．ベルヌーイ試行の例は多数ある．例としては10円玉を振る実験における {表, 裏}，医学的な検査における {正常, 異常} などがある．上のジャンケンにおいて山本君が10回中6回の割合で勝つとしよう．

さて，中村君が10回中5回勝つ確率はいくらになるだろうか？ あるいは中村君が10回中 x $(0 \leq x \leq 10)$ 回勝つ確率はいくらになるだろうか？ この確率は $_{10}C_x(2/5)^x(3/5)^{n-x}$ である．なぜこのような値になるのか簡単な場合から考えていく．

a, b, c の3個の中から x 個取りだすとき，その組み合わせは何個あるだろうか？

$\qquad x = 1$ のとき： $\{a\}, \{b\}, \{c\}$ $\qquad$ … 3個
$\qquad x = 2$ のとき： $\{a,b\}, \{b,c\}, \{c,a\}$ $\qquad$ … 3個
$\qquad x = 3$ のとき： $\{a,b,c\}$ $\qquad$ … 1個

一般に相異なる n 個の中から x 個 $(x = 1, \cdots, n)$ 取りだすとき，その組み合わせの総個数を表すのに記号 $_nC_x$ が用いられている．上の例の場合，$_3C_1 = 3$, $_3C_2 = 3$, $_3C_3 = 1$ である．一般に，$_nC_x$ については

$$_nC_x = \frac{n!}{(n-x)!\,x!}, \quad x = 1, \cdots, n$$

と表すことができる．便宜上 $_nC_0 = 1$ と約束する．次のような実験 (ベルヌーイ試行の一例) を考える．表 (H) のでる確率が $2/5$, 裏 (T) のでる確率が $3/5$ であるような10円玉をそれぞれ独立に3回続けて振る実験を行う．このとき3回中表が2回でる確率はいくらだろうか？ 標本空間 Ω は

$$\Omega = \{(H, H, H), (H, H, T), \cdots, (T, T, T)\}$$

となる．Ω の元 ω に対し，ω が含む H の個数を $X(\omega)$ とする．例えば，$X((H,H,H)) = 3$, $X((H,H,T)) = 2$, $X((T,T,T)) = 0$. この確率変数 X は10円玉を3回振ったときの表のでる回数を表す．事象 $\{(H, H, T)\}$ の起こる確率を計算してみよう．$\{(H, H, T)\} = \{(H, *, *)\} \cap \{(*, H, *)\} \cap \{(*, *, T)\}$ とかける．ここに $\{(H, *, *)\}$ は1回目に表がでるという事象，$\{(*, H, *)\}$ は2回目に表がでるという事象，$\{(*, *, T)\}$ は3回目に裏がでるという事象である．

$$P(\{(H, *, *)\}) = P(\{*, H, *\}) = P(\{H\}) = 2/5,$$
$$P(\{*, *, T)\}) = P(\{T\}) = 3/5,$$

かつこれら3つの事象 $\{(H, *, *)\}, \{(*, H, *)\}, \{(*, *, T)\}$ は独立だから，定義2.3より，

$$P(\{H, H, T)\}) = P(\{(H, *, *)\})P(\{(*, H, *)\})P(\{(*, *, T)\}) = \left(\frac{2}{5}\right)^2 \frac{3}{5}.$$

この結果から類推されるように，一般に $\omega \in \Omega$ に対し，

$$P(\{\omega\}) = \left(\frac{2}{5}\right)^{X(\omega)} \left(\frac{3}{5}\right)^{3-X(\omega)}$$

となる．我々は"表が 2 回でる"という事象の確率を求めたいのであるから，$P(X = 2)$ を計算すればよい．ここに $P(X = 2)$ は $P(\{\omega \in \Omega; X(\omega) = 2\})$ の省略形であったことを思いだそう（3 章）．$P(X = 2)$ を求めればよいのであるが全部の確率 $P(X = x)(x = 0, 1, 2, 3)$ を計算する．

$$\{X = 0\} = \{(T, T, T)\}, \qquad \cdots 1 \text{ 個} \leftrightarrow {}_3C_0 = 1$$
$$\{X = 1\} = \{(H, T, T), (T, H, T), (T, T, H)\}, \quad \cdots 3 \text{ 個} \leftrightarrow {}_3C_1 = 3$$
$$\{X = 2\} = \{(H, H, T), (H, T, H), (H, H, T)\}, \quad \cdots 3 \text{ 個} \leftrightarrow {}_3C_2 = 3$$
$$\{X = 3\} = \{(H, H, H)\} \qquad \cdots 1 \text{ 個} \leftrightarrow {}_3C_3 = 1$$

これらより

$$P(X = 0) = \left(\frac{3}{5}\right)^3 = 1 \cdot \left(\frac{2}{5}\right)^0 \cdot \left(\frac{3}{5}\right)^{3-0},$$

$$P(X = 1) = 3\left(\frac{2}{5}\right)\left(\frac{3}{5}\right)^2 = 3 \cdot \left(\frac{2}{5}\right)^1 \left(\frac{3}{5}\right)^{3-1},$$

$$P(X = 2) = 3\left(\frac{2}{5}\right)^2 \left(\frac{3}{5}\right) = 3\left(\frac{2}{5}\right)^2 \left(\frac{3}{5}\right)^{3-2} \fallingdotseq 0.437,$$

$$P(X = 3) = \left(\frac{2}{5}\right)^3 = 1 \cdot \left(\frac{2}{5}\right)^3 \cdot \left(\frac{3}{5}\right)^{3-3}.$$

以上により

$$P(X = x) = {}_3C_x \left(\frac{2}{5}\right)^x \left(\frac{3}{5}\right)^{3-x}, \quad x = 0, 1, 2, 3.$$

とかけていることがわかる．この例のように 3 回中表が x 回起こるという事象の確率は標本空間の要素（または元）をすべて求めることによって得られるが，今度は同じ実験で"500 回中表が 347 回起こる"という事象の確率を求める問題を考えてみよう．この場合は標本空間の要素をすべて求めるのは無理である．

そこで問題を次のように一般化してみる.

(**問題**) 上で述べた 10 円玉を n 回, 独立に, 続けて振る. n 回中表が x 回 $(x = 0, 1, \cdots, n)$ でる事象の確率を求めよ.

標本空間を Ω とし, $\omega \in \Omega$ の含んでいる H の個数を $X(\omega)$ とする. そうすると求める確率は $P(\{\omega \in \Omega; X(\omega) = x\})$ である. この記号は $P(\{X = x\})$ または $P(X = x)$ と省略表記されたことを思いだそう. $X(\omega) = x$ とすると $P(\{\omega\}) = (2/5)^x (3/5)^{n-x}$ であるから,

$$P(X = x) = (\text{事象 } \{X = x\} \text{ の元の数}) \times \left(\frac{2}{5}\right)^x \left(\frac{3}{5}\right)^{n-x}.$$

従って, 事象 $\{X = x\}$ の元の個数を求めればよいことになった. $X(\omega) = x$ をみたす ω はたくさんある. 例えば

$$(\underbrace{H, \cdots, H}_{x}, T, \cdots, T), \quad (\underbrace{H, \cdots, H}_{x-1}, T, H, \cdots, T), \quad \cdots.$$

次のように考える. $X(\omega) = x$ とする. そうすると ω の中の x 個の H は n_1 番目, n_2 番目, $\cdots$, n_x 番目 $(1 \leq n_1 < n_2 < \cdots < n_{x-1} < n_x \leq n)$ に位置している. 従ってこの ω を x 個の整数の組 $(n_1, n_2, \cdots, n_x)$ と対応させる. 集合 $\{\omega \in \Omega | X(\omega) = x\}$ の個数と集合 $S = \{(n_1, \cdots, n_x) | n_1, \cdots, n_x \text{ は整数で} 1 \leq n_1 < n_2 < \cdots < n_x \leq n\}$ の個数は同じであるから, 結局 S の元の個数を数えればよいことになった. $\#(S)$ は相違なる n 個のものから x 個取りだしたものの全体の個数に等しいから, S の元の個数は ${}_n C_x$. 従って, 求める確率は

$$P(X = x) = {}_n C_x \left(\frac{2}{5}\right)^x \left(\frac{3}{5}\right)^{n-x}, \quad x = 0, 1, \cdots, n$$

である. 以上述べてきたことをまとめる. 2 つの結果成功 (S), 失敗 (F) の起こる確率がそれぞれ p, $q(= 1 - p)$ である n 回のベルヌーイ試行を考える. n 回の実験中 S の起きた回数を X とすれば

$$P(X = x) = {}_n C_x p^x q^{n-x}, \quad x = 0, 1, \cdots, n \quad (5.1)$$

となる. この確率変数 X により, 標本空間 $\Omega_X = \{0, 1, \cdots, n\}$ と確率分布表ができる.

5.1 離散型確率分布

x	0	1	$\cdots$	x	$\cdots$	n
確率	${}_n\mathrm{C}_0 p^0 q^n$	${}_n\mathrm{C}_1 pq^{n-1}$	$\cdots$	${}_n\mathrm{C}_x p^x q^{n-x}$	$\cdots$	${}_n\mathrm{C}_n p^n q^0$

$P(X=x)$ が (5.1) で与えられるような確率変数 X は 2 項分布 $B(n,p)$ に従うという. p はパラメータ（または母数）と呼ばれ, $0 \leq p \leq 1$ を満たす. このとき

$$E[X] = np, \quad V[X] = npq.$$

特に, 2 項分布 $B(1,p)$ をベルヌーイ分布といい, 記号 $Be(p)$ で表す. ここでやっと中村君が 10 回中 $x(0 \leq x \leq 10)$ 回勝つ確率を求めることができる準備ができた. その確率は, 上で述べてきたことにより, ${}_{10}\mathrm{C}_x(2/5)^x(3/5)^{n-x}$ である. 例えば, 中村君が 10 回中 4 回勝つ確率は, 巻末の 2 項分布表により, 0.25082 である.

2 項分布は**再生性**を持つ, すなわち,

> **定理 5.1** 各 $X_i(1 \leq i \leq m)$ は $B(n_i, p)$ に従い, $X_1, \cdots, X_m$ は独立とする. 確率変数 $\sum_{i=1}^m X_i$ は $B(\sum_{i=1}^m n_i, p)$ に従う.

> **例題 5.1**
> 確率変数 X は 2 項分布 $B(30, 0.2)$ に従うものとする. 巻末の 2 項分布表を用いて次の確率を求めよ.
> (1) $P(X=8)$ (2) $P(X>4)$ (3) $P(X \leq 2)$
> (4) $P(3 < X < 7)$ (5) $P(3 \leq X < 7)$ (6) $P(3 \leq X \leq 7)$

(解答) (1) $P(X=8) = P(X \geq 8) - P(X \geq 9) = 0.23921 - 0.12865 = 0.11056$.
(2) $P(X>4) = P(X \geq 5) = 0.17228$.
(3) $P(X \leq 2) = 1 - P(X \geq 3) = 1 - 0.95582 = 0.00442$.
(4) $P(3 < X < 7) = P(X \geq 4) - P(X \geq 7) = 0.48426$
(5) $P(3 \leq X < 7) = P(X=3) + P(3 < X < 7) = 0.07853 + 0.48426 = 0.56279$.
(6) $P(3 \leq X \leq 7) = P(3 \leq X < 7) + P(X=7) = 0.56279 + 0.15409 = 0.71688$.

例題 5.2

長期にわたって情報科学実験の単位の取得調査を行った結果，単位を取得できない学生の割合は 0.2 であった．すなわち，受講学生の 20%は不幸にも単位を取れず，残りの受講生の 80%が単位を修得するという．受講者 20 人に対して情報科学実験を行った．巻末の 2 項分布表を利用して次の問に答えよ．
(1) 全員が単位を取れない確率
(2) 10 人が単位を取れない確率
(3) 少なくとも 3 人は単位を取れない確率

[解答] 20 人中単位を取れない人数を X とすれば X は $B(20, 0.2)$ に従う．巻末の表を利用して確率を計算する．
(1) $P(X = 20) = 0$.
(2) $P(X = 10) = P(X \geq 10) - P(X \geq 11) = 0.00259 - 0.00056 = 0.00203$.
(3) $P(X \geq 3) = 0.79392$.

(ii) **負の 2 項分布** $NB(\alpha, \beta)$：2 項分布に関連のある離散型分布として負の 2 項分布がある．この分布は 16 世紀に議論された有名な分割問題を解くためにモンモール（P.R.De Montmort）（1713 年出版）が利用した．負の 2 項分布を説明するために便利な記号を導入する．任意の実数 x，任意の整数 k に対して

$$\binom{x}{k} = \begin{cases} x(x-1)\cdots(x-k+1)/k!, & k > 0, \\ 1, & k = 0, \\ 0, & k < 0 \end{cases}$$

と定義する．$\binom{x}{k}$ は**一般 2 項係数**と呼ばれる．x が正整数で $k \geq 0$ のとき，$\binom{x}{k} = {}_x C_k$ となることを覚えておこう．解析学の分野で，x の関数 $(1+x)^\alpha$ は

$$(1+x)^\alpha = 1 + \binom{\alpha}{1}x + \binom{\alpha}{2}x^2 + \cdots + \binom{\alpha}{k}x^k + \cdots, \quad |x| < 1$$

5.1 離散型確率分布

とテイラー展開されることはよく知られている.ただし,α は実定数である.この公式は **2項定理** と呼ばれている.β を正の実数とし,$u = \beta/(1+\beta)$, $v = \beta/u$ とおく.$v(1-u) = 1, v = 1 + \beta$ だから,両辺を $-\alpha$ 乗する.2項定理より

$$
\begin{aligned}
1 &= v^{-\alpha}(1-u)^{-\alpha} \\
&= v^{-\alpha}\left\{1 + \binom{-\alpha}{1}(-u) + \binom{-\alpha}{2}(-u)^2 + \cdots + \binom{-\alpha}{k}(-u)^k + \cdots\right\} \\
&= v^{-\alpha}\left\{1 + \binom{\alpha}{1}u + \binom{\alpha+1}{2}u^2 + \cdots + \binom{\alpha+k-1}{k}u^k + \cdots\right\} \\
&= v^{-\alpha} + \binom{\alpha}{1}(uv)v^{-\alpha-1} + \binom{\alpha+1}{2}(uv)^2 v^{-\alpha-2} + \cdots \\
&\quad + \binom{\alpha+k-1}{k}(uv)^k v^{-\alpha-k} + \cdots \\
&= \beta^0(1+\beta)^{-\alpha} + \binom{\alpha}{1}\beta(1+\beta)^{-\alpha-1} \\
&\quad + \binom{\alpha+1}{2}\beta^2(1+\beta)^{-\alpha-2} + \binom{\alpha+k-1}{k}\beta^k(1+\beta)^{-\alpha-k} + \cdots.
\end{aligned}
$$

特に α が正整数のときは

$$
\begin{aligned}
1 &= \beta^0(1+\beta)^{-\alpha} + \binom{\alpha}{\alpha-1}\beta(1+\beta)^{-\alpha-1} \\
&\quad + \binom{\alpha+1}{\alpha-1}\beta^2(1+\beta)^{-\alpha-2} + \binom{\alpha+k-1}{\alpha-1}\beta^k(1+\beta)^{-\alpha-k} + \cdots.
\end{aligned}
$$

以上の準備のもとに負の2項分布を導入する.X はある標本空間 Ω で定義された確率変数で,その値は $0, 1, 2, \cdots$ とする.確率 $P(X=k)$ が

$$
P(X=k) = \binom{\alpha+k-1}{k}\beta^k(1+\beta)^{-\alpha-k}, \quad k = 0, 1, 2, \cdots \tag{5.2}
$$

と表せるとき,X はパラメータ α と β をもつ **負の2項分布** $NB_0(\alpha, \beta)$ に従うという.ここに α は実数で $\beta > 0$ である.負の2項分布は **待ち合わせ時間の分布** とも呼ばれる.本書では $\alpha = N$(整数)の場合のみを扱う.この場合,負の2項分布 $NB_0(N, \beta)$ は **パスカル分布** とも呼ばれている.

確率変数 X が負の2項分布 $NB_0(N, \beta)$ に従うとき,

$$E[X] = N\beta, \quad V[X] = N\beta(1+\beta).$$

負の 2 項分布 $NB_0(N,\beta)$ の確率関数はいろいろな形で表現される.

(i) $\quad P(X=k) = \dbinom{N+k-1}{k} u^k v^{-N}, \quad k=0,1,2,\cdots$

(ii) $\quad P(X=k) = \dbinom{N+k-1}{N-1} u^k v^{-N}, \quad k=0,1,2,\cdots$

(iii) $\quad P(X=k) = \dbinom{N+k-1}{k} \beta^k v^{-N-k}, \quad k=0,1,2,\cdots$

(iv) $\quad P(X=k) = \dbinom{N+k-1}{N-1} \beta^k v^{-N-k}, \quad k=0,1,2,\cdots$

ところで, 2 項分布 $B(n,p)$ の確率関数 $P(X=k)$ は一般 2 項係数を使うと $\dbinom{n}{k} p^k (1-p)^{n-k} (0 \le k \le n)$ とかくことができる. この式の n, p にそれぞれ $-N, -\beta$ を形式的に代入すると

$$\binom{n}{k} p^k (1-p)^{n-k} = \binom{-N}{k} (-\beta)^k (1+\beta)^{-N-k} = \binom{N+k-1}{k} \beta^k v^{-N-k}.$$

上式の最後の項は負の 2 項分布 $NB_0(N,P)$ の確率関数となっている. これが負の 2 項分布の名前の由来になっている. それでは負の 2 項分布はどのような状況のときに出現するのか次の例で述べる.

例 5.1 無限回のベルヌーイ試行を行う. 各回の実験において成功 (S), 失敗 (F) の起こる確率をそれぞれ $p, q (= 1-p)$ とする. S が m 回起こるまでに F の起こる回数を X とする. X はどのような分布をするのだろうか? S が m 回起こるまでの実験の回数を Y とすると $Y = X + m$ となる. 確率変数 Y の取り得る値は $m, m+1, m+2, \cdots$ であり,

$$P(Y = m+k) = \binom{m+k-1}{m-1} p^m q^k, \quad k=0,1,2,\cdots$$

である．これより，確率変数 X の分布は

$$P(X=k) = \binom{m+k-1}{m-1} p^m q^k, \quad k=0,1,2,\cdots$$

となる．$\beta = q/p$, $v = 1+\beta$ とおけば $\binom{m+k-1}{m-1} p^m q^k = \binom{m+k-1}{m-1} \beta^k v^{-m-k}$ だから，確率変数 X は負の 2 項分布 $NB_0(m, q/p)$ に従う． ▨

注意 5.1 上の例で述べた分布

$$P(X=k) = \binom{m+k-1}{m-1} p^m q^k, \quad k=0,1,2,\cdots \tag{5.3}$$

も**負の 2 項分布**と呼ばれ，記号 $NB(m,p)$ で表す．特に $m=1$ のとき，$NB(1,p)$ は**幾何分布**と呼ばれる．X が $NB(m,p)$ に従うとき，

$$E[X] = m\frac{q}{p}, \quad V[X] = m\frac{q}{p^2}.$$

(iii) **超幾何分布** $HG(n,a,b)$：2 項分布に関連のある離散型分布として超幾何分布がある．白い玉 a 個と黒い玉 b 個を箱に入れてよく混ぜ合わせる．この箱の中から 1 個ずつ勝手に（ランダムに）取りだし，しかも元に戻さない．このような抽出方法を**非復元抽出**という．これを n 回続けて行い，取りだした n 個の玉の中にある白い玉の個数を X とする．X の取り得る値は

$$\max(0, n-b), \quad \max(0, n-b)+1, \quad \cdots, \quad \min(a, n)$$

であり，

$$P(X=x) = \frac{{}_a C_x \cdot {}_b C_{n-x}}{{}_{a+b} C_n}, \; x=\max(0,n-b),\cdots,\min(a,n) \tag{5.4}$$

となる．$P(X=x)$ が上式で与えられるとき，確率変数 X は**超幾何分布** $HG(n,a,b)$ に従うという．このとき，

$$E[X] = np, \quad V[X] = \frac{N-n}{N-1} \cdot npq.$$

ただし，$p = a/(a+b), q = 1-p$．また，

$$\frac{{}_a\mathrm{C}_x \cdot {}_b\mathrm{C}_{n-x}}{{}_{a+b}\mathrm{C}_n} = \frac{{}_n\mathrm{C}_x \cdot {}_{a+b-n}\mathrm{C}_{a-x}}{{}_{a+b}\mathrm{C}_a}$$

となることも覚えておこう．超幾何分布は 2 項分布で近似することができる．

定理 5.2　（超幾何分布の **2 項近似**）n は一定とし，a, b 共に十分大きな数とする．$N = a+b, p = a/N$ とおけば

$$\frac{{}_a\mathrm{C}_x \cdot {}_b\mathrm{C}_{n-x}}{{}_N\mathrm{C}_n} \fallingdotseq {}_n\mathrm{C}_x p^x(1-p)^{n-x}, \quad x = 0, 1, \cdots, n$$

確率変数 X が $B(n, p)$ のとき，$p/(1-p)$ を X に対する**オッズ**（あるいは**成功の見込み**）という．X_1 は $B(n_1, p_1)$ に，X_2 は $B(n_2, p_2)$ に従い，X_1 と X_2 は独立としよう．$0 \leq t \leq n_1 + n_2$ とすれば，

$$\begin{aligned}
P(X_1 = x | X_1 + X_2 = t) &= \frac{P(\{X_1 = x\} \cap \{X_1 + X_2 = t\})}{P(X_1 + X_2 = t)} \\
&= \frac{{}_{n_1}\mathrm{C}_x p_1^x q_1^{n_1-x} \cdot {}_{n_2}\mathrm{C}_{t-x} p_2^{t-x} q_2^{n_2-t+x}}{\sum_{j=u_1}^{u_2} {}_{n_1}\mathrm{C}_j p_1^x q_1^{n_1-x} \cdot {}_{n_2}\mathrm{C}_{t-j} p_2^{t-j} q_2^{n_2-t+j}} \\
&= \frac{{}_{n_1}\mathrm{C}_x p_1^x q_1^{n_1-x} \cdot {}_{n_2}\mathrm{C}_{t-x} p_2^{t-x} q_2^{n_2-t+x}}{\sum_{j=u_1}^{u_2} {}_{n_1}\mathrm{C}_j p_1^x q_1^{n_1-x} \cdot {}_{n_2}\mathrm{C}_{t-j} p_2^{t-j} q_2^{n_2-t+j}} \\
&= \frac{{}_{n_1}\mathrm{C}_x \cdot {}_{n_2}\mathrm{C}_{t-x} \cdot R^x}{\sum_{j=u_1}^{u_2} {}_{n_1}\mathrm{C}_j \cdot {}_{n_2}\mathrm{C}_{t-j} \cdot R^j}.
\end{aligned}$$

ただし，$u_1 = \max(0, t-n_2)$，$u_2 = \min(n_1, t)$，$R = \frac{p_1}{q_1}/\frac{p_2}{q_2}$，$u_1 \leq x \leq u_2$．この条件付き分布を"**拡張超幾何分布**"という．特に $p_1 = p_2$ のとき，$R = 1$ だから

$$\begin{aligned}
P(X_1 = x | X_1 + X_2 = t) &= \frac{{}_{n_1}\mathrm{C}_x \cdot {}_{n_2}\mathrm{C}_{t-x}}{\sum_{j=u_1}^{u_2} {}_{n_1}\mathrm{C}_j \cdot {}_{n_2}\mathrm{C}_{t-j}} \\
&= \frac{{}_{n_1}\mathrm{C}_x \cdot {}_{n_2}\mathrm{C}_{t-x}}{{}_{(n_1+n_2)}\mathrm{C}_t}.
\end{aligned}$$

従って，$p_1 = p_2$ のとき，拡張超幾何分布は超幾何分布となる．

(iv) **ポアソン分布** $Po(\lambda)$：シメオン・デニ・ポアソン (S.D. Poisson) が 1837

5.1 離散型確率分布

年にこの分布を導いた．この分布は長い間注目されなかったが，ロシア生まれの統計学者ヴォルトケービッチ（Ladislaus von Bortkiewicz, 1868～1931）が馬に蹴られて死亡するプロシャ軍の兵士の数の分布がこの分布に非常によく似ていることを1898年に発表してから注目されるようになった．ポアソン分布は稀に起こるような事象を持つ実験をたくさんしたとき，この事象の起こる度数分布によくあてはまる．例えば，第2次世界大戦における区画当たりの飛行爆弾の命中回数の分布，X線照射によって染色体の交換を起こす細胞の個数の分布，自殺者の数の分布，プレート上のバクテリア群落の小正方形当たりの個数の分布，一定時間当たりの放射性物質から飛びだす α 粒子の放出数の分布等が知られている．これらの例から成功の確率が非常に小さい2項分布はポアソン分布でよく近似されるであろうと推測される．実際，この推測は正しい（2項分布のポアソン分布近似）．

ポアソン分布を説明するには解析学でよく知られた指数関数 e^x（または $\exp(x)$）の次のようなテイラー展開式が必要である．

$$e^x = 1 + \frac{1}{1!}x + \frac{1}{2!}x^2 + \cdots + \frac{1}{n!}x^n + \cdots, \quad -\infty < x < \infty$$

ここに e はネピア数と呼ばれ，その値は $2.718281828459045235360\cdots$ である．この展開式より

$$1 = 1 \cdot e^{-x} + \frac{1}{1!}xe^{-x} + \frac{1}{2!}x^2 e^{-x} + \cdots + \frac{1}{n!}x^n e^{-x} + \cdots.$$

以上の準備のもとにポアソン分布を導入する．X はある標本空間 Ω で定義された確率変数で，その値は $0, 1, 2, \cdots$ である．確率 $P(X = n)$ が

$$P(X = n) = \frac{\lambda^n}{n!}e^{-\lambda}, \quad n = 0, 1, 2, \cdots \tag{5.5}$$

と表せるとき，X はポアソン分布 $Po(\lambda)$ に従うという．ここに $\lambda > 0$ で，λ はパラメータ（または母数）と呼ばれる．X の確率分布表は次のようになる．

x	0	1	$\cdots$	n	$\cdots$
確率	$e^{-\lambda}$	$\lambda e^{-\lambda}$	$\cdots$	$(\lambda^n/n!)e^{\lambda}$	$\cdots$

このとき，

$$E[X] = \lambda, \quad V[X] = \lambda.$$

ポアソン分布は**再生性**を持つ．すなわち，

> **定理 5.3** 各 $X_i (1 \leq i \leq m)$ は $Po(\lambda_i)$ に従うものとし，$X_1, \cdots, X_m$ は独立とする．このとき，$\sum_{i=1}^{m} X_i$ は $Po(\sum_{i=1}^{m} \lambda_i)$ に従う．

> **例題 5.3**
> X が $Po(0.4)$ に従うとき，巻末のポアソン分布表を利用して次の確率を求めよ．
> (1) $P(X = 2)$ (2) $P(X \leq 3)$ (3) $P(X \geq 3)$
> (4) $P(2 < X < 5)$ (5) $P(2 \leq X < 5)$ (6) $P(2 \leq X \leq 5)$

[解答]
(1) $P(X = 2) = 0.061552 - 0.007926 = 0.053626 = 0.053626$
(2) $P(X \leq 3) = 1 - P(X \geq 4) = 0.999224$
(3) $P(X \geq 3) = 0.007926$
(4) $P(2 < X < 5) = P(X \geq 3) - P(X \geq 5) = 0.007865$
(5) $P(2 \leq X < 5) = P(X \geq 2) - P(X \geq 5) = 0.061491$
(6) $P(2 \leq X \leq 5) = P(X \geq 2) - P(X \geq 6) = 0.061548$

適当な条件の下で，2項分布はポアソン分布で近似できる．多くの学者によって精度のよい近似式が多数得られている．ここでは計算しやすい近似式を紹介する．

> **定理 5.4** （**2項分布のポアソン近似**）2項分布 $B(n,p)$，ポアソン分布 $P(\lambda)$ の分布関数をそれぞれ $B(x;n,p), Po(x;\lambda)$ で表す．K はある正の実定数とし，$0 < np < K$ をみたすように n を十分大きくする．
> (1) 単純なポアソン近似：2項分布 $B(n,p)$ はポアソン分布 $Po(np)$ で近似される．すなわち，
> $$B(x;n,p) = Po(x;np), \quad x = 0, 1, \cdots, n.$$
> (2) Bolshev-Gladkov-Shcheglova の近似：$0 \leq x \leq n$ をみたす整数 x に対して $\lambda(x) = (2Nn - x)p/(2 - p)$ とおく．このとき，
> $$B(x;n,p) = Po(x;\lambda(x))$$

5.1 離散型確率分布

注意 5.2 定理 5.4(1) の近似については，$x \leq np/(1+n^{-1})$ のときは 2 項分布の下側確率よりポアソン分布の下側確率の方が大きくなり（過大評価），$x \geq np$ のときは 2 項分布の下側確率よりポアソン分布の下側確率の方が小さくなる（過小評価）ことが知られている．この近似を単純なポアソン近似という．ボルシェフ (Bolshev) 等はこの欠点を補う修正近似として定理 5.4(2) の近似を提案した．この近似を Bolshev-Gladkov-Shcheglova の近似ということにする．Bolshev-Gladkov-Shcheglova の近似でもやはりスソ（上側，下側，両側）確率の過大評価の傾向は残るが，単純なポアソン近似よりはよいことが数値計算で実証されている．

例 5.2 次の表は $B(50, 0.1)$ と $Po(5)$ の誤差を表す．ただし，$P_1 = 100 \cdot P(X=x)$, $P_2 = 100 \cdot P(X=x)$ である．

x	$B(50,0.1)$ P_1	$P(5)$ P_2	誤差 $P_1 - P_2$	x	$B(50,0.1)$ P_1	$P(5)$ P_2	誤差 $P_1 - P_2$
0	0.52	0.6738	0.1583	8	6.42	6.5278	−0.1078
1	2.86	3.3369	0.509	9	3.34	3.6266	−0.2866
2	7.79	8.4224	−0.6324	10	1.51	1.8133	−0.3033
3	13.85	14.0374	−0.1874	11	0.62	0.8242	−0.2042
4	18.09	17.5467	0.5433	12	0.22	0.3434	0.1234
5	18.49	17.5468	−0.9432	13	0.07	0.1321	0.0621
6	15.41	14.6222	−0.7878	14	0.02	0.0472	−0.0272
7	10.77	10.4445	0.3255	15	0.01	0.0157	−0.0057

注意 5.3 p が小さい，n が十分大きいと仮定する．様々な n, p の組み合わせにより，多くの近似の精度が論じられている．$0 < np \leq 3$ のとき，2 項分布 $B(n,p)$ をポアソン分布 $Po(np)$ で近似すると精度がよいことが知られている．別の近似方法として 2 項分布を正規分布で近似する方法もある（本章の正規分布を参照）．

例題 5.4

ある型のコンピュータの故障率は $p = 0.001$ であることが知られている．このコンピュータ 1000 台を使用したとき，6 台以上故障する確率はいくらか？

解答 S = "故障", F = "作動" とするとこれは S,F の結果を待つ 1000 回のベルヌーイ試行と考えられる．1000 例中故障する台数を X とすれば X は 2 項分布

$B(1000, 0.001)$ に従う．従って求める確率は

$$P(X \geq 6) = \sum_{x=6}^{1000} {}_{1000}C_x (0.001)^x (0.999)^{1000-x}$$
$$= (0.001)^6 (0.999)^{994} + {}_{1000}C_7 (0.001)^7 (0.999)^{993}$$
$$+ \cdots + {}_{1000}C_{1000} (0.001)^{1000}$$

であるが，上式の右辺はめんどうである．$\lambda = np = 0.001 \times 1000 = 1$ だからポアソン近似が使える．そうすると X は近似的に $Po(1)$ に従うから，巻末のポアソン分布表により，$P(X \geq 6) = 0.00594 \fallingdotseq 0.006$.

注意 5.4 ポアソン分布を正規分布で近似する方法もある（8 章参照）．

本章の冒頭で紹介したようにある事象の起こる度数分布がポアソン分布によくあてはまるような実験・事例は多数ある．次の例（[Sokal and Rohlf] から引用）は古いデータではあるが，有名なデータなので取り上げる．

例 5.3 プロシャの統計学者ヴォルトケービッチは，1875～1894 年までの 20 年間にわたってプロシャ軍の 10 軍団において馬に蹴られて死亡する兵士の数を調べた．1 年間ごと・1 軍団ごとに死亡者数をまとめると次の度数分布表が得られた．

どの軍団も兵士の人数は同じ n 人とし，兵士が馬に蹴られて死亡する確率を p としよう．1 年間という期間に限ってある軍団の馬に蹴られて死亡する兵士の数の分布は，適当な状況の下で，ちょうど $B(n, p)$ になる．つまり，ある軍団の馬に蹴られて死亡する兵士の数を調べるということは観測度数が $B(n, p)$ に従うような調査を 1 回行ったことに相当する．軍団の兵士の数 (n) は不明では

死者数	軍団の個数
0	109
1	65
2	22
3	3
4	1
5 以上	0

あるがかなり多いはずである．軍団の兵士数 (n) は大きいけれども，p はかなり小さい数である．n と p は未知なので直接 2 項分布 $B(n,p)$ は求められないが，ポアソン分布で近似できる（2 項分布のポアソン近似）．

前のページの表は同じ調査を $200(=20\times 10)$ 回行い，得られた 200 個のデータの度数分布表に対応する．今，i 回目の調査で観測された馬に蹴られて死亡する兵士の数を X_i 人とする ($1 \leq i \leq 200$)．$\overline{X} = (\sum_{i=1}^{200} X_i)/200$ とおけば，$\overline{X}$ は 200 回中馬に蹴られて死亡する兵士の数の平均を表す．2 項分布の再生性（定理 5.1）より，$\sum_{i=1}^{200} X_i$ は $B(200n, p)$ に従う．従って，定理 4.1 と定理 5.1 より，
$$E[\overline{X}] = E[\sum_{i=1}^{200} X_i]/200 = np.$$
一方，このデータの標本平均は
$$(0\times 109 + 1\times 65 + 2\times 22 + 3\times 3 + 4\times 1)/200 = 0.61$$
である．この標本平均 0.61 だから，$\overline{X}$ の平均を np を 0.61 で推測あるいは近似することは自然であろう．ポアソン分布 $Po(0.61)$ を用いて計算すると次の表が得られる．

死者数	軍団の個数	$Po(0.61)$ よる期待個数
0	109	108.67
1	65	66.28
2	22	20.22
3	3	3.52
4	1	0.63
5 以上	0	0.08

馬に蹴られて死亡する兵士の数の分布は，死ぬことは悲しいことだが，ポアソン分布 $Po(0.61)$ に非常によくあてはまることがわかる．

5.2 連続型確率分布

(v) 正規分布 $N(\mu, \sigma^2)$：この分布が統計学において特に重用されている主な理由として
  (i) 理論が完結していて統一的である；
  (ii) 最もよく知られかつ使用されている統計的手法は正規分布に基礎をおく．

(iii) 応用上よく現れる多くの分布型は近似的に正規分布になるか，または それに変換できる (第 8 章参照)

などが挙げられる．

X を確率変数とする．任意の実数 x に対し，

$$P(X \leq x) = \frac{1}{\sqrt{2\pi}\sigma} \int_{-\infty}^{x} \exp\left(-\frac{(t-\mu)^2}{2\sigma^2}\right) dt$$

であるとき，X はパラメータ μ, σ をもつ正規分布 $N(\mu, \sigma^2)$ に従うという．ただし，$-\infty < \mu < \infty$, $\sigma > 0$. 関数 $(\sqrt{2\pi}\sigma)^{-1} \exp[-(x-\mu)^2/(2\sigma^2)]$ を正規密度関数という．特に $N(0,1)$ を標準正規分布，$(\sqrt{2\pi})^{-1} \exp[-x^2/(2\sigma^2)]$ を標準正規密度関数という．

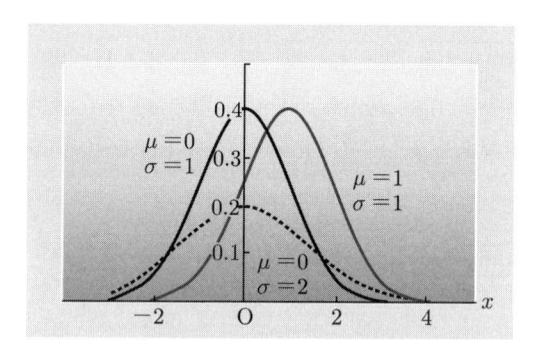

正規密度関数のグラフ

X が $N(\mu, \sigma^2)$ に従うとき，

$$E[X] = \mu, \quad V[X] = \sigma^2.$$

従って X の平均は μ であり，分散は σ^2 である．この意味で，$N(\mu, \sigma^2)$ を "平均 μ，分散 σ^2 の正規分布" と読む．

本論の巻末に付属している正規分布表について説明をしておく．確率変数 X はなになに分布に従うものとし，$0 < \alpha < 1$ とする．方程式 $P(X \geq x) = \alpha$ の解を "なになに分布の上側 $100\alpha\%$ 点" という．例えば，X が標準正規分布に従うとき，$P(X \geq x) = 0.005$ の解は巻末の表より，$x \fallingdotseq 2.576$ である．従って，2.576 は標準正規分布の上側 0.5% 点である．正規分布の場合，上側 $100\alpha\%$ 点を表すのに記号 z_α がよく使用される．

5.2 連続型確率分布

例題 5.5

X が $N(0,1)$ に従うとき，巻末の正規分布表を利用して次の確率を求めよ．
(1) $P(X \leq 1)$ (2) $P(X \leq -1.52)$
(3) $P(X > -1.71)$ (4) $P(0.75 < X \leq 1.43)$
(5) $P(-1.56 \leq X \leq 0.73)$

解答 (1) $P(X \leq 1) = 1 - P(X > 1) = 1 - 0.1587 = 0.8413$
(2) $P(X \leq -1.52) = P(X \geq 1.52) = 0.0655$
(3) $P(X \leq -1.71) = 1 - P(X > 1.71)$
$\qquad = 1 - 0.0446 = 0.9554$
(4) $P(0.75 < X \leq 1.43) = P(0.75 < X) - P(1.43 < X) = 0.1502$
(5) $P(-1.56 \leq X \leq 0.73) = 1 - P(X < -1.56) - P(X > 0.73)$
$\qquad = 1 - P(X > 1.56) - P(X > 0.73)$
$\qquad = 1 - 0.0594 - 0.2327 = 0.7079$

以後の議論において役立つ正規分布の性質を若干述べよう．これらは重要なので是非覚えておこう．

正規分布の基本性質：
(i) X は $N(\mu, \sigma^2)$ に従うとし，a, b を実数とする．そうすると $aX + b$ は $N(a\mu + b, (a\sigma)^2)$ に従う．
(ii) X が $N(\mu, \sigma^2)$ に従うとき，$\frac{X-\mu}{\sigma}$ は $N(0,1)$ に従う．
(iii) $X_i (i=1, \cdots, n)$ は $N(m_i, \sigma_i^2)$ に従うとする．$X_1, \cdots, X_n$ が独立ならば $\sum_{i=1}^{n} X_i$ は $N(\sum_{i=1}^{n} m_i, \sum_{i=1}^{n} \sigma_i^2)$ に従う（正規分布の再生性）．

例題 5.6

X が $N(3,4)$ に従うとき，巻末の確率表を利用して次の確率を求めよ．
(1) $P(X < 1.5)$ (2) $P(X \leq 0)$
(3) $P(3.48 \leq X < 6.44)$ (4) $P(-0.44 < X \leq 6.44)$

(解答) $Y = (X-3)/2$ とおけば,正規分布の基本性質 (ii) より,Y は $N(0,1)$ に従う確率変数である.

(1) $\{X < 1.5\} = \{Y < -0.75\}$ だから,$P(X < 1.5) = P(Y < -0.75)$. 従って,$P(X < 1.5) = 0.2266$.

(2) $\{X \leq 0\} = \{Y \leq -1.5\}$ だから,$P(X \leq 0) = P(Y \leq -1.5)$. 従って,$P(X \leq 0) = 0.0668$.

(3) $\{3.48 \leq X < 6.44\} = \{0.24 \leq Y < 1.72\}$ だから,
$$P(3.48 \leq X < 6.44) = P(0.24 \leq Y < 1.72)$$
$$= P(0.24 \leq Y) - P(1.72 \leq Y)$$
$$= 0.4052 - 0.0427 = 0.3625.$$

(4) $\{-0.44 < X \leq 6.44\} = \{-1.72 < Y \leq 1.72\}$ だから,
$$P(-0.44 < X \leq 6.44) = P(-1.72 < Y \leq 1.72)$$
$$= 1 - P(-1.72 \geq Y) - P(1.72 < Y)$$
$$= 1 - 2P(1.72 \leq Y)$$
$$= 1 - 2 \times 0.0427 = 0.9145.$$ ▨

例題 5.7

X_1 は $N(0,1)$, X_2 は $N(1,4)$, X_3 は $N(3,4)$ に従い,かつ X_1, X_2, X_3 は互いに独立とする.$X = X_1 + X_2 + X_3$ とするとき,次の値を求めよ.
(1) $E[X]$ (2) $V[X]$ (3) $P(7 < X \leq 9.1)$

(解答) (1) 定理 4.1 より,$E[X] = E[X_1] + E[X_2] + E[X_3] = 0 + 1 + 3 = 4$.

(2) 定理 4.2 より,$V[X] = V[X_1] + V[X_2] + V[X_3] = 1 + 4 + 4 = 9$.

(3) 正規分布の基本性質 (iii) より,X は $N(4,9)$ に従う確率変数である.従って $Y = (X-4)/3$ とおけば Y は $N(0,1)$ に従う確率変数である.$\{7 < X \leq 9.1\} = \{1 < Y \leq 1.7\}$ だから,
$$P(7 < X \leq 9.1) = P(1 < Y \leq 1.7) = P(1 < Y) - P(1.7 < Y)$$
$$= 0.1587 - 0.0446 = 0.1141$$ ▨

2項分布の確率を正規分布を用いて近似計算することがしばしばある.2項分布の正規近似について述べよう.2項分布をポアソン分布で近似することは

5.2 連続型確率分布

既に述べた(ポアソン分布参照).2項分布 $B(n,p)$ を正規分布 $N(np, npq)$ で近似できることが知られている.すなわち,X は $B(n,p)$ に従うものとし,$Y = (X - np)/\sqrt{npq}$ とすると,Y は $N(0,1)$ に従い,$P(X \leq x)$ は $P(Y \leq (x - np)/\sqrt{npq})$ で近似される.しかしながら n が十分大きくないと近似精度がよくない.n が十分大きくないとき,近似精度をよくするために**連続補正**という方法がある.それを述べよう.この方法は $P(X \leq x)$ を $P(Y \leq (x-np)/\sqrt{npq})$ で近似するのではなく次のように少し工夫をするのである.

(i) $P(X \leq x)$ を $P\left(Y \leq \dfrac{x + 0.5 - np}{\sqrt{npq}}\right)$ で近似する.

(ii) $P(X \geq x)$ を $P\left(Y \geq \dfrac{x - 0.5 - np}{\sqrt{npq}}\right)$ で近似する.

(iii) $P(X = x)$ を $P\left(\dfrac{x - 0.5 - np}{\sqrt{npq}} \leq Y \leq \dfrac{x + 0.5 - np}{\sqrt{npq}}\right)$ で近似する.

注意 5.5 (i) 本によっては連続補正を連続修正,不連続補正,不連続修正等の用語で使用している.

 (ii) 離散分布を連続分布で近似する場合,連続補正を行うと,かなり近似精度がよくなる場合がある.例えば,2×2 分割表の χ^2-検定における χ^2 近似などがそうである.

例 5.4 $B(20, p)$ の上側確率の正規近似.近似 I は通常の正規近似,近似 II は連続補正をした正規近似である.

p	0.1	0.2	0.3	0.4
$20pq$	1.8	3.2	4.2	4.8
$k = 100$	$k \cdot P(X \geq 5)$	$k \cdot P(X \geq 8)$	$k \cdot P(X \geq 10)$	$k \cdot P(X \geq 12)$
近似 I	1.2545	1.2545	2.5588	1.2545
近似 II	3.1443	2.4998	4.4565	2.4998
真値	4.317	3.214	4.4505	5.655

> **例題 5.8**
>
> 2の目がでる確率が 2/5 のサイコロを 1000 回振って，その内 2 の目が 375 回以上でる確率を求めよ．

(解答) 1000 回中 2 のでる回数を X とすると，X は $B(1000, 2/5)$ に従う．$np = 400(> 3)$，$npq = 240(> 3)$ だから，$P(X \geq 375)$ を正規分布で近似する．$Y = (X - 400)/15.5$ とおく．連続補正を行った場合は，

$$P(X \geq 375) \fallingdotseq P(Y \geq -1.65) = 1 - P(Y \geq 1.65) = 0.951.$$

連続補正を行わない場合は $P(X \geq 375) \fallingdotseq P(Y \geq -1.61) = 0.947.$

注意 5.6 2 項分布の近似分布としてポアソン分布か正規分布のどちらを使うかは，通常，次のようにして使用することが提案されている．

(イ) $np > 3$ のとき，2 項分布 $B(n, p)$ の近似分布として $N(np, npq)$ を使用する．特 $npq \geq 3$ にならば，この近似の精度はかなりよい．

(ロ) $0 < np \leq 3$ のとき，p がかなり小さいならば，2 項分布 $B(n, p)$ の近似分布としてポアソン分布 $Po(np)$ を使用する．

(vi) ガンマ分布 $Ga(\alpha, \beta)$：X を確率変数，x を実数，$\alpha > 0$, $\beta > 0$ とする．

$$P(X \leq x) = \begin{cases} 0, & x < 0, \\ \dfrac{1}{\Gamma(\alpha)\beta^\alpha} \int_0^x t^{\alpha-1} e^{-t/\beta} dt, & x \geq 0 \end{cases}$$

であるとき，X はパラメータ α, β のガンマ分布 $Ga(\alpha, \beta)$ に従うという．ここに $\Gamma(\alpha)(= \int_0^\infty t^{\alpha-1} e^{-t} dt)$ はガンマ関数である．X が $Ga(\alpha, \beta)$ に従うとき，

$$E[X] = \alpha\beta, \quad V[X] = \alpha\beta^2.$$

$\alpha = 1$ のときのガンマ分布 $Ga(1, \beta)$ をパラメータ β の**指数分布**といい，記号 $Ex(\beta)$ で表す．従って指数分布 $Ex(\beta)$ の分布関数は

$$P(X \leq x) = \begin{cases} 0, & x < 0, \\ \dfrac{1}{\beta} \int_0^x e^{-t/\beta} dt, & x \geq 0 \end{cases}$$

5.2 連続型確率分布

と表される．$\beta=1$ で α が正整数のときのガンマ分布 $Ga(\alpha,1)$ をパラメータ α の**アーラン分布**という．ガンマ分布 $Ga(\alpha,2)$ において，α を (正の整数)/2 という形に限った場合のガンマ分布 $Ga(m/2,2)$ を**自由度 m のカイ 2 乗分布**といい，記号 $\chi^2(m)$ で表す．自由度 m のカイ 2 乗分布の分布関数は

$$P(X \le x) = \begin{cases} 0, & x < 0, \\ \dfrac{1}{\Gamma(m/2)2^{m/2}} \displaystyle\int_0^x t^{m/2-1} e^{-t/2} dt, & x \ge 0 \end{cases}$$

となる．ここに $m=1,2,3,\cdots$．カイ 2 乗分布の密度関数のグラフは次のようになる．

X が $\chi^2(m)$ に従うとき，

$$E[X]=m, \quad V[X]=2m.$$

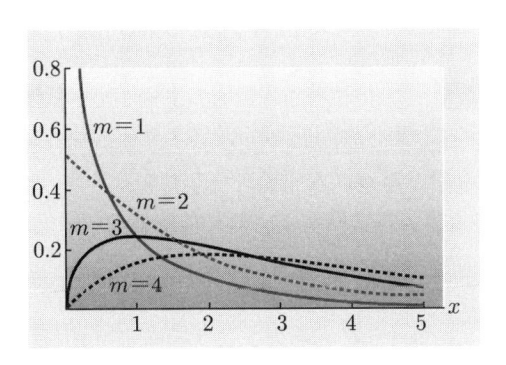

カイ 2 乗密度関数のグラフ

例題 5.9

X が $\chi^2(17)$ に従うとき，巻末の χ^2 表を利用して次の確率を求めよ．
(1) $P(X \ge 8.67)$ (2) $P(X \le 8.67)$ (3) $P(12.79 < X \le 27.6)$

解答 (1) 0.95 (2) 0.05 (3) 0.6

カイ2乗分布の基本的な性質を述べよう.

> (i)　$X_1, \cdots, X_n$ は独立で，$N(0,1)$ に従うとする．$\sum_{i=1}^{n} X_i^2$ は $\chi^2(n)$ に従う．
>
> (ii)　$X_1, \cdots, X_n$ はそれぞれ $\chi^2(m_1), \cdots, \chi^2(m_n)$ に従うものとする．$X_1, \cdots, X_n$ が独立ならば，$\sum_{i=1}^{n} X_i$ は $\chi^2(\sum_{i=1}^{n} m_i)$ に従う（再生性）.

　自由度が大きいとき，カイ2乗分布の上側パーセント点を与える近似式として **Wilson-Hilferty** (ウィルソン-ヒルファーティ) の近似式がある．$0 < \alpha < 1$ とし，X は自由度 m のカイ2乗分布 $\chi^2(m)$ に従うものとする．カイ2乗分布 $\chi^2(m)$ の上側 $100\alpha\%$ 点 $\chi^2(m, \alpha)$ は

$$\chi^2(m, \alpha) \fallingdotseq m \left(1 - \frac{2}{9m} + z_\alpha \sqrt{\frac{2}{9m}} \right)^3$$

で近似される．ただし，z_α は標準正規分布の上側 $100\alpha\%$ 点を表す．下の表は各自由度に対するカイ2乗分布の上側 2.5%点の数表の値と Wilson-Hilferty 近似の値とを比べたものである．この表からもわかるように，$m \geq 10$ ならば，Wilson-Hilferty の近似式は精度がよいことがわかる．

自由度	3	5	7	9
確率	9.3484	12.8325	16.0128	19.0228
W-H 近似	9.3241	12.8216	16.0073	19.0201
誤差	0.0243	0.0109	0.0055	0.0027

自由度	10	20	30	50
確率	20.4832	34.1696	46.9792	71.4202
W-H 近似	20.4815	34.1715	46.982	71.4232
誤差	0.0017	−0.0019	−0.0028	−0.0030

(vii) **t 分布 $t(m)$**：X を確率変数，x を実数とする．

$$P(X \leq x) = \frac{1}{\sqrt{m}} \cdot \frac{\Gamma((m+1)/2)}{\Gamma(1/2)\,\Gamma(m/2)} \int_{-\infty}^{x} \left(1 + \frac{t^2}{m}\right)^{-(m+1)/2} dt$$

とかけるとき，X は自由度 m の t 分布 $t(m)$ に従うという．ここに $m = 1, 2, 3, \cdots$ で，

$$\Gamma(\alpha) \left(= \int_0^\infty t^{\alpha-1} e^{-t} dt \right)$$

はガンマ関数である．t 分布の密度関数のグラフは次のようになる．

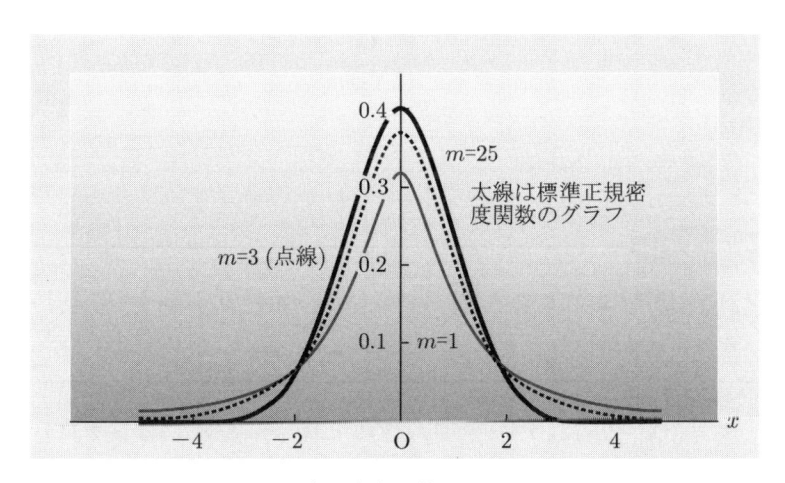

t 分布の密度関数のグラフ

注意 5.7 上の図において自由度 25 の t 分布 $t(25)$ と標準正規分布の密度関数のグラフはほとんど一致している．実際，$m \to \infty$ とするとき，$t(m)$ は $N(0,1)$ に近づくことが知られている．

X が自由度 m の t 分布 $t(m)$ に従うとき，

$$E[X] = 0, \quad V[X] = \frac{m}{m-2} \quad (m > 2)$$

例題 5.10

X が $t(15)$ に従うとき,巻末の t 分布表を利用して次の確率を求めよ.
(1) $P(X \leq 1.341)$ (2) $P(1.341 \leq X \leq 2.602)$

【解答】 (1) $P(X \leq 1.341) = 1 - P(X \geq 1.341) = 1 - 0.1 = 0.9$
(2) $P(1.341 \leq X \leq 2.602) = P(1.341 \leq X) - P(2.602 \leq X) = 0.1 - 0.01 = 0.09$

定理 5.5

X_1, X_2 は独立な確率変数で,それぞれ $N(0,1)$, $\chi^2(m)$ に従うとする.

$$T = \frac{X_1}{\sqrt{X_2/m}}$$

は $t(m)$ に従う.

例題 5.11

X と Y は独立とし,X は $N(3,4)$ に従い,Y は $\chi^2(9)$ に従うものとする.巻末の確率表を利用して $P((3X-9)/(2\sqrt{Y}) < -1.38)$ の値を求めよ.

【解答】 $T = (3X-9)/(2\sqrt{Y}) = \frac{X-3}{2}/\sqrt{Y/9}$ とおくと,定理 5.5 より T は $t(9)$ に従う.巻末の表から,$P(T < -1.38) = 0.1$.

自由度が大きいとき,t 分布の上側パーセント点を与える近似式として **Johnson-McMillan** の近似式がある.すなわち,X が自由度 m の t 分布 $t(m)$ に従うとき,t 分布 $t(m)$ の上側 2.5%点 $t(m, 0.025)$ は

$$t(m, 0.025) \fallingdotseq \frac{1.96m + 0.27}{m - 1.08}$$

で近似される.X が自由度 120 の t 分布 $t(120)$ に従うとき,Johnson-McMillan の近似式では $1.9800070\cdots$ である.数表のそれは 1.980 であるから,小数点第 3 位まで一致している.下図は点(自由度,上側 2.5%点)の散布図と Johnson-McMillan の近似式のグラフを重ねた図である.この図からもわかるように,$m \geq 4$ ならば,Johnson-McMillan の近似式は非常に精度がよいことがわかる.

5.2 連続型確率分布

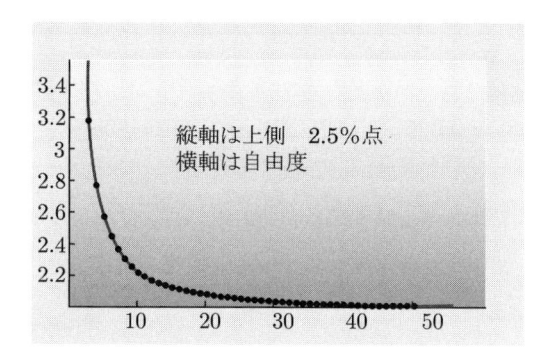

縦軸は上側 2.5%点
横軸は自由度

(viii) **F 分布** $F(m,n)$：X を確率変数，x を実数とする．$P(X \leq r) = 0 \, (x < 0)$ で，$x \geq 0$ のとき

$$P(X \leq x) = \frac{\Gamma\left(\dfrac{m+n}{2}\right)}{\Gamma\left(\dfrac{m}{2}\right)\Gamma\left(\dfrac{n}{2}\right)} \left(\frac{m}{n}\right)^{m/2} \int_0^x t^{m/2-1}\left(1 + \frac{m}{n}t\right)^{-(m+n)/2} dt$$

とかけるならば X は**自由度 (m,n) の F 分布** $F(m,n)$ に従うという．F 分布の密度関数のグラフは次のようになる．

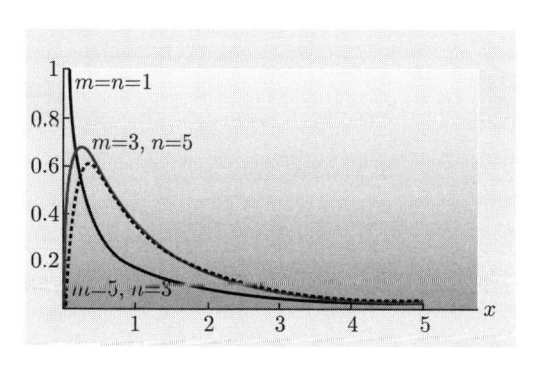

F 分布の密度関数のグラフ

X は自由度 (m,n) の F 分布 $F(m,n)$ に従うとき，

$$E[X] = \frac{n}{n-2} \quad (n > 2), \quad V[X] = \frac{2n^2(m+n-2)}{m(n-2)^2(n-4)} \quad (n > 4).$$

例題 5.12

X が $F(3,5)$ に従うとき,巻末の F 分布表を利用して次の x の値を求めよ.
(1) $P(X \geq x) = 0.025$ 　　(2) $P(X \geq x) = 0.05$

(解答) (1) $x = 7.764$ 　　(2) $x = 5.409$

定理 5.6

X_1, X_2 は独立で,それぞれ $\chi^2(m), \chi^2(n)$ に従うとする.

$$Y = \frac{X_1}{m} \Big/ \frac{X_2}{n}$$

は $F(m,n)$ に従う.

定理 5.7

X が $F(m,n)$ に従うとき,$1/X$ は $F(n,m)$ に従う.

自由度 (m,n) の F 分布 $F(m,n)$ に関する性質として次がある.

(i) $F(m,n)$ の上側 $100\alpha\%$ 点を $F_n^m(\alpha)$ とする.次式が成立する.

$$F_n^m(\alpha) = \frac{1}{F_m^n(1-\alpha)}$$

(ii) m を固定しておく.$n \to \infty$ のとき,$F(m,n)$ は $\chi^2(m)$ に近づく.

例題 5.13

X が $F(3,5)$ に従うとき,巻末の確率表を利用して $P(X < a) = 0.05$ となる a を求めよ.

(解答) 定理 5.7 より $1/X$ は $F(5,3)$ に従う.$P(X < a) = P(1/X > 1/a) = 0.05$ と巻末の表より,$1/a = 9.01$.故に $a = 1/9.01 \fallingdotseq 0.111$.

練習問題

5.1 ある工場で生産している製品のロット（一定量の製品の集まり）の 1/3 が不良品であるという．この工場からあるロットを選び，その中から 5 個を選んだ．5 個の製品の内
  (1) 全部が良品である確率を求めよ．
  (2) 3 個が良品である確率を求めよ．
  (3) 2 個が不良品である確率を求めよ．
  (4) 少なくとも，1 個が不良品である確率を求めよ．

5.2 次の問に答えよ．
  (1) X が $t(8)$ に従うとき，$P(1.86 \leq X)$ を求めよ．
  (2) X が $\chi^2(27)$ に従うとき，$P(14.6 \leq X \leq 43.2)$ を求めよ．
  (3) X が $F(7,8)$ に従うとき，$P(4.53 \leq X)$ を求めよ．
  (4) X が $N(4,9)$ に従うとき，$P(6.85 \leq X < 7.3)$ を求めよ．

5.3 X_1, X_2, X_3, X_4 は独立で，$N(1,4)$ に従う確率変数とする．このとき，$P(X_1 + X_2 + X_3 + X_4 < 8.8)$ を求めよ．

5.4 西暦 1500 年から 1931 年までの 432 年間に対して，1 年間ごとに戦争の起こった回数を調べたら次のようになった ([Richardson])．

戦争の回数	0	1	2	3	4 以上
年の回数	223	142	48	15	1

ポアソン分布を用いて戦争の起きた回数が $x\,(1 \leq x \leq 4)$ 回の年が何回あるかその期待回数を計算せよ．

5.5 第 2 次世界大戦においてヒトラーのドイツ軍は V 号ロケット爆弾でロンドン南部を攻撃した．ロンドン南部を 576 個の小区画に分割し，各区画に命中したロケット爆弾の個数を記録したら，次のようになった ([Clark],[Feller])．

爆弾の個数	0	1	2	3	4	5 以上
区画数	229	211	93	35	7	1

ポアソン分布を用いて命中した爆弾の個数が $x\,(1 \leq x \leq 4)$ 回の区画が何個あるかその期待度数を計算せよ．

5.6 X_1 は，$N(1,4)$，X_2 は $\chi^2(4)$ に従う独立な確率変数とするとき，$P(-4.6\sqrt{X_2} + 1 \leq X_1 \leq 4.6\sqrt{X_2} + 1)$ を求めよ．

5.7 X, Y を独立な確率変数で，それぞれ $N(4,9), N(2,1)$ に従うとき，$E[X+Y]$, $E[2X+1]$, $V[X-3Y]$ を求めよ．

第6章

積率母関数

　確率変数 X の分布状態を表すものとして分布関数を考えた (3 章参照)．また，X の分布状態の部分的な特性として，平均値や分散などもすでに述べた (4 章参照)．分布状態を表すものは分布関数だけとは限らない．いろいろな見方，とらえ方があろう．その 1 つに X の積率母関数というものがある．分布関数は分布の全体像を粗くとらえるにはよいが，それ自身を見ても分布の部分的な特性を表す量 (代表値ともいう) のようなものはわからない．

　一方，平均値や分散のような代表値はわかりやすいが，これら 2 個だけでは分布を特徴付けられない (特定できない)．平均値や分散のような特性量を非常にたくさん (可算無限個) 用いると，元の分布関数がどんなものか特定できるのである．本章で述べる積率母関数は積率と呼ばれる特性量を非常に多く用いて構成され，分布関数を特定する．つまり，積率母関数は分布関数と同じく分布状況を表すもう 1 つの表現となっている．さらに，積率母関数を用いて，統計学の分野で有用な代表値 (平均値や分散等) の計算ができたりするのである．本章では最初に母関数について説明する．その後で積率母関数について詳しく説明していく．

6.1 母関数とは

　母関数は，ド・モアブル，スターリング，オイラー等により 18 世紀に開発された非常に強力な数学上の技法を生みだす（形式的な）表現方法である．母関数は離散数学（組み合わせ理論等）の分野でよく利用されるが，確率論／統計学やその他の多くの分野でも有用な道具として利用されている．

　数列 $\{a_i\}$ は有限数列 $\{a_i; i = 0, 1, \cdots, n\}$ または無限数列 $\{a_i; i = 0, 1, \cdots, n, \cdots\}$ を表すものとし，関数列 $\{g_i\}$ も有限関数列 $\{g_i; i = 0, 1, \cdots, n\}$ または無限関数列 $\{g_i; i = 0, 1, \cdots, n, \cdots\}$ を表すものとする．このとき，次の形式

$$a_0 g_0(t) + a_1 g_1(t) + a_2 g_2(t) + \cdots + a_n g_n(t) \quad \text{(有限数列の場合)},$$
$$a_0 g_0(t) + a_1 g_1(t) + a_2 g_2(t) + \cdots + a_n g_n(t) + \cdots \quad \text{(無限数列の場合)}$$

を数列$\{a_n\}$の**通常母関数**という．別形として次の形式

$$\frac{a_0 g_0(t)}{0!} + \frac{a_1 g_1(t)}{1!} + \frac{a_2 g_2(t)}{2!} + \cdots + \frac{a_n g_n(t)}{n!} \quad \text{(有限数列の場合)},$$
$$\frac{a_0 g_0(t)}{0!} + \frac{a_1 g_1(t)}{1!} + \frac{a_2 g_2(t)}{2!} + \cdots + \frac{a_n g_n(t)}{n!} + \cdots \quad \text{(無限数列の場合)}$$

を数列$\{a_n\}$の**指数型母関数**という．$\{g_i\}$ の各関数 $g_i(t)$ は**指標関数**と呼ばれる．この段階では単なる形式的な表現なので，後者のような無限関数項級数が収束するかどうかは考えなくてよい．とはいっても多くの場合，これらの和は意味のある関数の展開式となっている．本論では指標関数として $g_i(t) = t^i$ の場合のみを考える．従って，母関数は t の n 次の多項式または t の整級数（ベキ級数ともいう）となる．

例 6.1　(i)　$a_i = {}_n C_i \,(i = 0, 1, \cdots, n)$ とする．数列 $\{a_i\}$ の通常母関数は

$${}_n C_0 + {}_n C_1 t + {}_n C_2 t^2 + \cdots + {}_n C_n t^n$$

となる．この母関数は $(1+t)^n$ の展開式になっている．等式

$$(1+t)^n = {}_n C_0 + {}_n C_1 t + {}_n C_2 t^2 + \cdots + {}_n C_n t^n$$

は **2 項定理**（あるいは 2 項公式）と呼ばれる．上式は次のようにもかかれる．

$$(a+b)^n = {}_n C_0 a^n + {}_n C_1 a^{n-1} b + \cdots + {}_n C_i a^{n-i} b^i + \cdots + {}_n C_n b^n$$

あるいは

$$(a+b)^n = \sum_{i=0}^{n} {}_n C_i a^{n-i} b^i$$

(ii)　$a_i = 1 \,(i = 0, 1, \cdots, n, \cdots)$ とする．数列 $\{a_i\}$ の通常母関数は

$$1 + t + t^2 + \cdots + t^n + \cdots$$

となる．この母関数は $|t| < 1$ のとき，$1/(1-t)$ を表す．この母関数は**幾何級数**と呼ばれる．

(iii) $a_i = 1/i! \, (i = 0, 1, \cdots, n, \cdots)$ とする．数列 $\{a_i\}$ の通常母関数は

$$1 + \frac{1}{1!}t + \frac{1}{2!}t^2 + \cdots + \frac{1}{3!}t^n + \cdots$$

となる．この母関数は任意の実数 t に対し，指数関数 $\exp(t)$（または e^t）を表す． ▨

注意 6.1 記号 $\exp(x)$ は指数関数を表す．$\exp(x)$ は e^x ともかかれることと，指数関数 $\exp(x)$ は

$$e^x = 1 + \frac{1}{1!}x + \frac{1}{2!}x^2 + \cdots + \frac{1}{n!}x^n + \cdots, \quad -\infty < x < \infty$$

とテイラー展開できたことを覚えておこう．

　統計学や確率論の分野でよく使用される母関数として確率母関数，積率母関数，階乗積率母関数がある．以下これらについて述べよう．

　(i) **確率母関数**　確率変数 X の取り得る値の集合を $\{0, 1, 2, \cdots, n\}$ または $\{0, 1, 2, \cdots, n, \cdots\}$ とする．数列 $\{P(X = i)\}$ の通常母関数は，X の取り得る値が有限個か無限個に応じて

$$P(X = 0) + P(X = 1)t + P(X = 2)t^2 + \cdots + P(X = n)t^n,$$
$$P(X = 0) + P(X = 1)t + P(X = 2)t^2 + \cdots + P(X = n)t^n + \cdots$$

のいずれかとなる．数列 $\{P(X = i)\}$ は確率から成るので，この母関数を**確率母関数**という．この式は確率変数 t^X の平均値 $E[t^X]$ である．即ち，

$$E[t^X] = P(X = 0) + P(X = 1)t + P(X = 2)t^2 + \cdots + P(X = n)t^n,$$

あるいは

$$E[t^X] = P(X = 0) + P(X = 1)t + P(X = 2)t^2 + \cdots + P(X = n)t^n + \cdots .$$

上式の右辺のような和の形式よりも左辺の平均値 $E[t^X]$ の方が各種確率変数を取り扱えるので，$E[t^X]$ を確率母関数の定義にしている本も多い．本書もこちらの定義を採用し，以下通じて確率母関数を $P(t)(= E[t^X])$ で表す．確率母関数 $P(t)$ の $t = 1$ の近傍で性質が重要になる．

(ii) **積率母関数** 確率変数 X に対し，数列 $\{E[X^i]\}$ の指数型母関数は

$$\frac{E[X^0]}{0!} + \frac{E[X^1]}{1!}t + \frac{E[X^2]}{2!}t^2 + \cdots + \frac{E[X^n]}{n!}t^n + \cdots$$

となる．数列 $\{E[X^i]\}$ は積率（またはモーメント）から成るので，この指数型母関数を**積率母関数**（またはモーメント母関数）いう．積率については 6.2 節で詳しく述べる．この式を形式的に変形してみる．

$$\begin{aligned}
&\frac{E[X^0]}{0!} + \frac{E[X^1]}{1!}t + \frac{E[X^2]}{2!}t^2 + \cdots + \frac{E[X^n]}{n!}t^n + \cdots \\
&= E\left[\frac{X^0}{0!}\right] + E\left[\frac{X^1}{1!}t\right] + E\left[\frac{X^2}{2!}t^2\right] + \cdots + E\left[\frac{X^n}{n!}t^n\right] + \cdots \\
&= E\left[\frac{X^0}{0!} + \frac{X^1}{1!}t + \frac{X^2}{2!}t^2 + \cdots + \frac{X^n}{n!}t^n + \cdots\right] \\
&= E[\exp(tX)].
\end{aligned}$$

従って積率母関数は形式的には確率変数 $\exp(tX)$ の平均値 $E[\exp(tX)]$ となっている．しかしながら，6.3 節で述べるように，適当な条件の下で上式は形式的ではなく実際に成立するのである．この意味で t の関数 $E[\exp(tX)]$ もまた**積率母関数**と呼ばれる．こちらの方が取り扱いに便利なので，$E[\exp(tX)]$ を積率母関数の定義にしている本も多い．本書もこちらの定義を採用し，以下通じて積率母関数を $M(t)(= E[\exp(tX)])$ で表す．積率母関数 $M(t)$ の $t = 0$ の近傍で性質が重要になる（6.3 節で詳しく述べる）．

注意 6.2 統計学の分野では積率母関数 $M(t)$ から構成される**キュムラント母関数** $\phi(t) = \log M(t)$ もしばしば利用される．キュムラント母関数が

$$\phi(t) = \kappa_0 + \kappa_1 t + \frac{\kappa_2}{2!}t^2 + \cdots + \frac{\kappa_n}{n!}t^n + \cdots$$

とテイラー展開できるとき，係数 κ_n を **n 次のキュムラント**（または半不変量）という．

(iii) **階乗積率母関数** 確率変数 X に対し，$X^{[i]} = X(X-1)(X-2)\cdots(X-i+1)(i = 1, 2, \cdots)$ とおく．数列 $\{E[X^{[i]}]\}$ の指数型母関数は

$$\frac{E[X^{[0]}]}{0!} + \frac{E[X^{[1]}]t}{1!} + \frac{E[X^{[2]}]t^2}{2!} + \cdots + \frac{E[X^{[n]}]t^n}{n!} + \cdots$$

となる．数列 $\{E[X^{[i]}]\}$ は階乗積率（または階乗モーメント）から成るので，こ

の指数型母関数を**階乗積率母関数**という．$p_i = P(X=i)(i=0,1,2,\cdots)$ とおくと

$$E[X^{[i]}] = \sum_{j=i}^{\infty} j(j-1)(j-2)\cdots(j-i+1)p_j = i!\sum_{j=i}^{\infty} {}_j\mathrm{C}_i p_j.$$

これより，形式的に変形すると

$$\frac{E[X^{[0]}]}{0!} + \frac{E[X^{[1]}]t}{1!} + \frac{E[X^{[2]}]t^2}{2!} + \cdots + \frac{E[X^{[n]}]t^n}{n!} + \cdots$$
$$= t^0 \sum_{j=0}^{\infty} {}_j\mathrm{C}_0 p_j + t^1 \sum_{j=1}^{\infty} {}_j\mathrm{C}_1 p_j + t^2 \sum_{j=2}^{\infty} {}_j\mathrm{C}_2 p_j + \cdots + t^n \sum_{j=n}^{\infty} {}_j\mathrm{C}_n p_j + \cdots$$
$$= t^0 {}_0\mathrm{C}_0 p_0 + ({}_1\mathrm{C}_0 t^0 + {}_1\mathrm{C}_1 t^1)p_1 + ({}_2\mathrm{C}_0 t^0 + {}_2\mathrm{C}_1 t^1 + {}_2\mathrm{C}_2 t^2)p_2$$
$$\quad + \cdots + t^n({}_n\mathrm{C}_0 + {}_n\mathrm{C}_1 + \cdots + {}_n\mathrm{C}_n)p_n + \cdots$$
$$= (1+t)^0 p_0 + (1+t)^1 p_1 + (1+t)^2 p_2 + \cdots + (1+t)^n p_n + \cdots$$
$$= E[(1+t)^X]$$

階乗積率母関数は確率変数 $(1+t)^X$ の平均値 $E[(1+t)^X]$ となっている．この意味で t の関数 $E[(1+t)^X]$ もまた**階乗積率母関数**と呼ばれる．こちらの方が取り扱いに便利なので，$E[(1+t)^X]$ を階乗積率母関数の定義にしている本も多い．本書もこちらの定義を採用し，以下通じて階乗積率母関数を $H(t)(=E[(1+t)^X])$ で表す．階乗積率母関数 $H(t)$ の $t=0$ の近傍で性質が重要になる．

確率母関数 $P(t)$，積率母関数 $M(t)$，階乗積率母関数 $H(t)$ の間には次のような関係がある．

$$M(t) = P(e^t), \quad P(t) = M(\log t), \quad H(t) = P(1+t).$$

6.2 積　率

数式の形から見ると平均値や分散は同じ形式である．すなわち，両者に共通な形式とは

$$E[(X-a)^n], \quad n=1,2,\cdots$$

である．ここに a は実定数である．この量は a **のまわりの** n **次の積率** (またはモーメント) と呼ばれ，記号 $\alpha_n(a)$ で表される．特に平均値 $\mu = E[X]$ の回り

の n 次の積率 $\alpha_n(\mu)$ を **n 次の中心積率**, 0 の回りの n 次の積率を単に **n 次の積率**という．そうすると平均値 μ は 1 次の積率 $\alpha_1(0)$ であり，分散は平均値 μ の回りの 2 次の積率 $\alpha_2(\mu)$（または 2 次の中心積率）である．以下通じて $\alpha_n(0)$ を α_n と省略する．積率に関連した量をいくつか述べる．**a のまわりの n 次の絶対積率**とは

$$E[|X-a|^n], \quad n=1,2,\cdots$$

のことであり，これを記号 $|\alpha|_n(a)$ で表す．$X^{[n]} = X(X-1)\cdots(X-n+1)(n=1,2,\cdots)$ とおく．**n 次の階乗積率**とは

$$E[X^{[n]}], \quad n=1,2,\cdots$$

のことであり，これを記号 $\alpha_{[n]}$ で表す．階乗積率 $\alpha_{[n]}$ は積率 α_n を，積率 α_n は中心積率 $\alpha_n(\mu)$ を計算する際に利用される．

例題 6.1

確率変数 X の平均を μ とおく．次の関係式を導け．
(1) $E[(X-\mu)^0] = 1,\ E[X-\mu] = 0$.
(2) $E[(X-\mu)^2] = E[X^2] - \mu^2$.
(3) $E[(X-\mu)^3] = E[X^3] - 3\mu E[X^2] + 2\mu^2$.
(4) $E[(X-\mu)^4] = E[X^4] - 4\mu E[X^3] + 6\mu^2 E[X^2] - 3\mu^2$.

解答 (1) $\alpha_0(\mu) = E[(X-\mu)^0] = E[1] = 1$. $\alpha_1(\mu) = E[X-\mu] = E[X] - E[\mu] = 0$.
(2) 平均の線形性（4章の注意 4.1 参照）より，

$$\begin{aligned}\alpha_2(\mu) &= E[(X-\mu)^2] = E[X^2 - 2\mu X + \mu^2] \\ &= E[X^2] + E[-2\mu X] + E[\mu^2] \\ &= E[X^2] - 2\mu E[X] + \mu^2 E[1] = \alpha_2 - \mu^2.\end{aligned}$$

(3) 2項定理より，$(X-\mu)^3 = X^3 - 3\mu X^2 + 3\mu^2 X - \mu^3$. この式の両辺の平均をとると，

$$E[(X-\mu)^3] = E[X^3] + E[-3\mu X^2] + E[3\mu^2 X] + E[-\mu^3].$$

平均の線形性より，

$$\alpha_3(\mu) = \alpha_3 - 3\mu\alpha_2 + 3\mu^2\alpha_1 - \mu^3 = \alpha_3 - 3\mu\alpha_2 + 3\mu^3 - \mu^3$$
$$= \alpha_3 - 3\mu\alpha_2 + 2\mu^3.$$

(4) 2項定理より，$(X-\mu)^4 = X^4 - 4\mu X^2 + 6\mu^2 X^2 - 4\mu^3 X + \mu^4$. 両辺の平均をとると，$E[(X-\mu)^4] = E[X^4] + E[-4\mu X^2] + E[6\mu^2 X^2] + E[-4\mu^3 X] + E[\mu^4]$. 平均の線形性より，

$$\alpha_4(\mu) = \alpha_4 - 4\mu\alpha_3 + 6\mu^2\alpha_2 - 4\mu^3\alpha_1 + \mu^4$$
$$= \alpha_4 - 4\mu\alpha_3 + 6\mu^2\alpha_2 - 4\mu^4 + \mu^4 = \alpha_4 - 4\mu\alpha_3 + 6\mu^2\alpha_2 - 3\mu^4.$$

6.3 積率母関数の性質

本節では，積率母関数に関する若干の理論的な結果を証明なしに紹介する．これらの結果は

(i) 積率と積率母関数の関係を明らかにする
(ii) 分布関数と積率母関数の関係を明らかにする
(iii) 与えられた分布に対して，その積率母関数の具体的な関数形を求める

などに関するものである．

次の定理は分布関数と積率母関数は互いに一方を一意的に決定することを述べている．わかりやすく言えば，2つは形は違うけれども一身同体であるということである．

定理 6.1 （一意性の定理） X, Y を共に積率母関数が存在する確率変数とする．次の2つの条件は同値である．
(1) $M_X(t) = M_Y(t)$ が $t = 0$ の近傍で成立する．
(2) $F_X(x) = F_Y(x)$ が確率分布関数 $F_X(x), F_Y(x)$ の共通な連続点 x で成立する．

注意 6.3 一意性の定理において，条件 (2) は X と Y とは確率的に同じということを意味する．つまり，X, Y 共に現象の起こる確率は同じであり，従って区別する必要はない．一意性の定理における条件 (1)（または (2)）が成立するとき，積率母関数（または分布関数）が一意に決まるという．

6.3 積率母関数の性質

6.1 節の積率母関数の定義のところでも述べたように，積率母関数 $M(t)$ と無限級数

$$\frac{E[X^0]}{0!} + \frac{E[X^1]}{1!}t + \frac{E[X^2]}{2!}t^2 + \cdots + \frac{E[X^n]}{n!}t^n + \cdots$$

は，ある条件の下で，等しいという関係があるが，一般には，同じものとは限らない．両者が等しければ有用な量の計算や理論的展開に役に立つ．関数のテイラー展開がそうであったのとほぼ同じである．どのような条件の下で両者が等しくなるかを述べる前に解析関数の定義を述べる．領域 D で定義された実数値関数 $f(x)$ が D で解析的であるとは，D の各点 a に対し，a の近傍で

$$f(x) = a_0 + a_1(x-a) + a_2(x-a)^2 + \cdots + a_n(x-a)^n + \cdots$$

とテイラー展開できるときにいう．このとき，$f(x)$ は a の近傍で何回でも微分可能である．特に $a_n = f^{(n)}(a)/n!$ $(n=0,1,\cdots)$，となることを覚えておこう．

次の定理は積率母関数から積率を計算するときに便利である．

定理 6.2 ある正数 δ に対して $E[\exp(\delta|X|)]$ が存在すると仮定する．このとき，次の (i),(ii) が成立する．

(i) すべての次数の X の積率 $E[X^n](n \geq 0)$ が存在する．

(ii) 積率母関数 $M_X(t)$ は $(-\delta, \delta)$ で解析的であり，かつ次のようにベキ級数で表すことができる．

$$M_X(t) = 1 + E[X]t + \frac{E[X^2]t^2}{2!} + \cdots + \frac{E[X^n]t^n}{n!} + \cdots, \quad t \in (-\delta, \delta)$$

解析的関数の定義の後で述べたことと上の定理より

系 6.1 ある正数 δ に対して $E[\exp(\delta|X|)]$ が存在すると仮定すると，積率母関数 $M_X(t)$ は $(-\delta, \delta)$ で何回でも微分可能であり，

$$\frac{d^n M_X(t)}{dt^n}\Big|_{t=0} = E[X^n], \quad n=0,1,\cdots.$$

この系 6.1 により，積率母関数の形が具体的に求められている分布の平均値，分散，歪度（ワイドと読む）$(\alpha_3(E[X])/\sqrt{\alpha_2(E[X])^3})$，尖度（センドと読む）$(\alpha_4(E[X])/\alpha_2(E[X])^2)$，あるいはもっと高次の積率は積率母関数を微分することによって求めることができる．歪度は X の分布状態が平均 $E(X)$ のまわりでどの程度ゆがんでいる（つまり対称でない）かを表す量として使用される．尖度は X の分布状態が平均 $E(X)$ の近くより平均 $E(X)$ から離れた範囲での 4 次の散布度の 2 次の散布度（分散）に対する比率を表す量として使用される．つまり，平均 $E(X)$ から離れた範囲で起こる確率が高くなるほど尖度は大きくなる．ちなみに正規分布に従う確率変数 X の歪度，尖度はそれぞれ，0，3 となる（問題 6.7 参照）．

例題 6.2

2 項分布 $B(n,p)$ の積率母関数は $M(t) = (q + pe^t)^n$ であることを利用して次の問に答えよ．
(1) $B(n,p)$ に従う確率変数 X の平均 $E[X]$，分散 $V[X]$ を求めよ．
(2) 積率母関数を直接展開することにより，$M^{(j)}(0) = E[X^j]$ を示せ．

解答 (1) 系 6.1 より，$t = 0$ での微分係数 $M'(0)$，$M''(0)$ を求めればよい．$M'(t) = npe^t(q + pe^t)^{n-1}$ だから，$E[X] = M(0) = np$．分散 $V[X]$ を求めるために公式 $V[X] = E[X^2] - E[X]^2$ を使う．$M''(t) = npe^t(q + pe^t)^{n-1} + n(n-1)p^2e^{2t}(q + pe^t)^{n-2}$ より，$E[X^2] = M''(0) = np + n(n-1)p^2$．従って，

$$V[X] = np + n(n-1)p^2 - (np)^2 = np - np^2 = np(1-p) = npq.$$

(2) $M^{(j)}(t) = d^j M_X(t)/dt^j$ とおく．2 項定理（例 6.1 参照）より，$M(t) = \sum_{k=0}^{n} \binom{n}{k} p^k q^{n-k} e^{kt}$．これより，$M^{(j)}(t) = \sum_{k=0}^{n} \binom{n}{k} k^j p^k \cdot q^{n-k} e^{kt}$．従って

$$M^{(j)}(0) = \sum_{k=0}^{n} \binom{n}{k} k^j p^k q^{n-k} = E[X^j].$$

定理 6.2 により，積率母関数が $t = 0$ の近傍で存在すればすべての次数の積率が $t = 0$ での微分係数で決定される．逆にすべての次数の積率が存在するとき，

対応する積率母関数は存在するのであろうか？この問題は（スティルチェスの）**モーメント問題**と呼ばれている．すべての次数の積率が存在しても対応する積率母関数は存在しないという例が知られている．従って一般的には，すべての次数の積率が存在してもそれらは積率母関数を決定できない．これに答えるのが次の Hamberger の定理である．

> **定理 6.3** 確率変数 X はすべての次数の積率をもつものとする．任意の正整数 n に対して，n 次の積率が $E[X^n]$ に等しい分布関数が一意に決まるための十分条件は適当な正数 δ をとれば，無限級数 $\sum_{n=1}^{\infty} E[X^n]\delta^n/n!$ が絶対収束する，あるいは同値な表現であるが，
> $$\sum_{n=1}^{\infty} \frac{|E[X^n]|}{n!}\delta^n = |E[X]|\delta + \frac{|E[X^2]|}{2!}\delta^2 + \cdots + \frac{|E[X^n]|}{n!}\delta^n + \cdots$$
> が収束することである．

注意 6.4 (i) 分布関数が一意に決まるとは，もし 2 つの分布関数 $F(x)$, $G(x)$ があったとしたら，$F_X(x) = F_Y(x)$ が $F_X(x), F_Y(x)$ の共通な連続点 x で成立するときにいう（注意 6.3 参照）．

(ii) モーメント問題の十分条件としては定理 6.3 で述べた十分条件以外にもいろいろな十分条件が知られている．次の条件はいずれもモーメント問題の十分条件である．

(SC1) 確率変数の取り得る値の集合 Ω_X は有限集合である．

(SC2) $\Omega_X = (-\infty, \infty)$ かつ $\sum_{k=1}^{\infty} E[X^{2k}]^{-1/(2k)} = \infty$.

(SC3) $\Omega_X = (0, \infty)$ かつ $\sum_{k=1}^{\infty} E[X^k]^{-1/(2k)} = \infty$.

6.4 各種確率分布の積率母関数

確率変数 X の積率母関数は $M_X(t) = E[\exp(tX)]$ であった．上の式の右辺（の平均値）はいつも存在するとは限らない．何もいわない限り上式の右辺（確率変数 $\exp(tX)$ の平均値）は存在すると仮定する．確率変数 X の分布を $F(x)$ とするとき，確率変数 X の積率母関数 $M_X(t)$ を**分布関数 $F(x)$ の積率母関数**ともいう．また混乱の恐れがない限り $M_X(t)$ の X は省略する．確率変数 X の

分布の型が決まれば積率母関数 $M_X(t)$ は具体的な形で表現できる．

> (i) X が離散型とし，X の取り得る値の全体を Ω_X する．
>
> $\Omega_X = \{x_1, \cdots, x_n\}$ のとき，$M_X(t) = \displaystyle\sum_{i=1}^{n} e^{tx_i} P(X = x_i)$,
>
> $\Omega_X = \{x_1, \cdots, x_n, \cdots\}$ のとき，$M_X(t) = \displaystyle\sum_{i=1}^{\infty} e^{tx_i} P(X = x_i)$.
>
> (ii) X が確率密度関数 $f(x)$ を持ち，$f(x)$ は閉区間 $[a, b]$ の外では 0 であるとする．ここに $-\infty \le a < b \le \infty$．このとき，
>
> $$M_X(t) = \int_a^b e^{tx} f(x) dx.$$

確率変数の積率母関数を直接計算するのではなく，既に求められている（ある確率変数の）積率母関数を利用すると容易に求められる場合がある．それを次の2つの定理で述べる．

> **定理 6.4** n を正整数，$X_1, X_2, \cdots, X_n$ を独立な確率変数とする．各 X_i が積率母関数 $M_{Xi}(t)$ をもつならば，$Y = X_1 + X_2 + \cdots + X_n$ も積率母関数 $M_Y(t)$ をもち，
>
> $$M_Y(t) = M_{X1}(t) M_{X2}(t) \cdots M_{Xn}(t)$$
>
> とかける．

> **定理 6.5** a, b は定数，X は確率変数とする．X が積率母関数 $M_X(t)$ をもつならば，$Y = aX + b$ も積率母関数をもち，
>
> $$M_Y(t) = e^{bt} M_X(at)$$
>
> とかける．

例題 6.3

2 項分布 $B(n,p)$ の積率母関数 $M(t)$ は
$$M(t) = (q + pe^t)^n$$
となることを次の 2 通りの方法で示せ.
(1) 積率母関数の定義にもとづいて積率母関数 $M(t)$ を求めよ.
(2) $X_1, X_2, \cdots, X_n$ を独立で同一分布 $B(1,p)$ に従うとき,確率変数 $Y = X_1 + X_2 + \cdots + X_n$ は $B(n,p)$ に従うことを用いて積率母関数 $M(t)$ を求めよ.

[解答] (1) 2 つの場合に分けて示そう.まず $p = 1$ の場合を考える.$q = 0$ だから
$$M(t) = \sum_{x=1}^{n} {}_n\mathrm{C}_x p^x q^{n-x} e^{tx} = e^{nt}.$$

$p \neq 1$ のとき,
$$\begin{aligned}
M(t) &= \sum_{x=0}^{n} {}_n\mathrm{C}_x p^x q^{n-x} e^{tx} \\
&= \sum_{x=0}^{n} {}_n\mathrm{C}_x p^x q^{n-x} e^{tx} \\
&= q^n \sum_{x=0}^{n} {}_n\mathrm{C}_x \left(\frac{p}{q}\right)^x e^{tx} \\
&= q^n \sum_{x=0}^{n} {}_n\mathrm{C}_x \left(\frac{pe^t}{q}\right)^x \\
&= q^n (1 + pe^t/q)^n \\
&= (q + pe^t)^n.
\end{aligned}$$

(2) $X_1, X_2, \cdots, X_n$ は同一分布に従うから,各確率変数は同じ積率母関数をもつ.X_1 の積率母関数を $M_1(t)$ とすると,
$$M_1(t) = e^{1 \cdot t} p + q e^{0 \cdot t} = q + pe^t$$

定理 6.4 より,
$$M(t) = M_1(t) M_1(t) \cdots M_1(t) = (q + pe^t)^n.$$

例題 6.4

閉区間 $[a,b]$ 上の一様分布の積率母関数 $M(t)$ は

$$M(t) = \begin{cases} \dfrac{e^{bt}-e^{at}}{(b-a)t}, & t \neq 0, \\ 1, & t = 0 \end{cases}$$

となることを示せ．また，$\lim_{t \to 0} M(t) = 1$ となることも示せ．

【解答】 2つの場合に分けて示そう．まず $t=0$ の場合を考える．$M(t) = (b-a)^{-1} \int_a^b dx = 1$. $t \neq 0$ の場合，

$$M(t) = \int_a^b \frac{e^{tx}}{b-a} dx = \frac{1}{b-a}\left[\frac{e^{tx}}{t}\right]_a^b = \frac{e^{bt}-e^{at}}{(b-a)t}.$$

残りの部分について証明しよう．$\delta = (b-a)t$ とおけば，

$$M(t) = e^{at}(e^\delta - 1)/\delta$$

となる．これより，

$$\lim_{t \to 0} M(t) = \lim_{t \to 0} e^{at} \lim_{\delta \to 0} \frac{e^\delta - 1}{\delta} = 1 \times 1 = 1.$$

例題 6.5

標準分布 $N(0,1)$ の積率母関数は $\exp(t^2/2)$ である．正規分布 $N(\mu, \sigma^2)$ の積率母関数は

$$M(t) = \exp\left(\mu t + \sigma^2 \frac{t^2}{2}\right)$$

となることを示せ．

【解答】 X は $N(\mu, \sigma^2)$ に従うとき，$Y = (X-\mu)/\sigma$ は標準正規分布 $N(0,1)$ に従う．定理 6.5 と $X = \sigma Y + \mu$ より

$$M(t) = e^{\mu t} M_X(\sigma t) = e^{\mu t + \sigma^2 t^2/2}.$$

6.4 各種確率分布の積率母関数

上の例題でも示したように，確率変数 X あるいは分布関数が与えられれば，存在するという条件の下で，積率母関数 $M_X(t)$ の形が具体的に求められる場合が多い．以下に確率論や統計学の分野でよく採用される確率分布のいくつかの積率母関数を掲げる．確率分布については 5 章を参照してください．

2 項分布 $B(n,p)$　　　　$M(t) = (q + pe^t)^n, \quad -\infty < t < \infty$

負の 2 項分布 $NB_0(N, \beta)$　　$M(t) = (1 + \beta - \beta e^t)^{-N}, \quad -\infty < t < \infty$

負の 2 項分布 $NB(m, p)$　　$M(t) = p^m(1 - qe^t)^{-m}, \quad -\infty < t < \infty$

幾何分布 $NB(1, p)$　　　$M(t) = p/(1 - qe^t), \quad -\infty < t < \infty$

超幾何分布 $HG(n, a, b)$

$$M(t) = \frac{(a+b-n)!\, b!}{(a+b)!} F(-n, -a; b-n+1; e^t), \quad -\infty < t < \infty,$$

ただし，$F(\alpha, \beta, \gamma; x)$ は超幾何関数と呼ばれ，次式で定義される．

$$\begin{aligned}F(\alpha, \beta, \gamma; x) &= \sum_{j=0}^{\infty} \frac{\alpha^{[j]} \beta^{[j]}}{\gamma^{[j]}} \cdot \frac{x^j}{j!} \\&= 1 + \frac{\alpha\beta}{\gamma} \cdot \frac{x}{1!} + \frac{\alpha(\alpha+1)\beta(\beta+1)}{\gamma(\gamma+1)} \cdot \frac{x^2}{2!} \\&\quad + \frac{\alpha(\alpha+1)(\alpha+2)\beta(\beta+1)(\beta+2)}{\gamma(\gamma+1)(\gamma+2)} \cdot \frac{x^3}{3!} + \cdots.\end{aligned}$$

ポアソン分布 $Po(\lambda)$　　$M(t) = e^{\lambda(e^t - 1)}, \quad -\infty < t < \infty$

一様分布 $U(a, b)$　　　$M(t) = (e^{bt} - e^{at})/(b - a)t, \quad -\infty < t < \infty$

正規分布 $N(\mu, \sigma^2)$　　$M(t) = e^{\mu t + \sigma^2 t^2 / 2}, \quad -\infty < t < \infty$

ガンマ分布 $Ga(\alpha, \beta)$　　$M(t) = (1 - \beta t)^{-\alpha}, \quad t < 1$

カイ 2 乗分布 $\chi^2(m)$　　$M(t) = (1 - 2t)^{-m/2}, \quad t < 1/2$

F 分布 $F(m, n)$　$M(t) = \left(\dfrac{m}{n}\right)^{-t/2} \dfrac{\Gamma((m+1)/2)\,\Gamma((n-t)/2)}{\Gamma(m/2)\,\Gamma(n/2)}, \quad t < n$

練習問題

6.1 積率と階乗積率に関する次の関係式を導け.
  (1) $E[X^2] = E[X^{[2]}] + E[X]$
  (2) $E[X^3] = E[X^{[3]}] + 3E[X^{[2]}] + E[X]$
  (3) $E[X^4] = E[X^{[4]}] + 6E[X^{[3]}] + 7E[X^{[2]}] + E[X]$

6.2 $X_1, \cdots, X_n$ は独立で,同一分布 $B(1,p)$ に従うものとする.$X = X_1 + \cdots + X_n$ とし,X_i の階乗積率関数を $H_i(t)$ とする.
  (1) $H_i(t) = 1 + pt \ (1 \leq i \leq n)$ を示せ.
  (2) 確率変数 $(1+t)^{X_1}, (1+t)^{X_2}, \cdots, (1+t)^{X_n}$ が独立であることを利用して X の階乗積率関数を $H(t)$ を求めよ.
  (3) 階乗積率関数の定義より $H^{(k)}(t) (= d^k H(t)/dt^k)(k \geq 1)$ を求めよ.
  (4) 定義から $H^{(k)}(0) = E[X^{[k]}]$ であることを示せ.ここに,$E[X^{[k]}]$ は階乗積率を表す.
  (5) $V[X] = E[X^{[2]}] + E[X^{[1]}] - E[X^{[1]}]^2$ を示し,$V[X]$ を n, p で表せ.

6.3 確率変数 X は正規分布 $N(\mu, \sigma^2)$ に従うものとする.確率変数 $aX + b$ が標準正規分布 $N(0,1)$ に従うように,定数 a, b を X の積率母関数を用いて求めよ.

6.4 $X_1, \cdots, X_m$ は独立で,それぞれ $B(n_1, p), \cdots, B(n_m, p)$ に従うものとする.このとき,$\sum_{i=1}^m X_i$ は $B(\sum_{i=1}^m n_i, p)$ に従うことを証明せよ.

6.5 $X_1, \cdots, X_m$ は独立で,それぞれ $Po(\lambda_1), \cdots, Po(\lambda_m)$ に従うものとする.このとき,$\sum_{i=1}^m X_i$ は $Po(\sum_{i=1}^m \lambda_i)$ に従うことを証明せよ.

6.6 確率変数 X は2項分布 $B(n,p)$ に従うものとする.X の歪度 $(\alpha_3(E[X])/\sqrt{\alpha_2(E[X])^2})$ は $(q-p)/\sqrt{npq}$,尖度 $(\alpha_4(E[X])/\alpha_2(E[X])^2)$ は $3 + (1-6pq)/(npq)$ であることを示せ.

6.7 確率変数 X は正規分布 $N(\mu, \sigma^2)$ に従うものとする.X の歪度 $(\alpha_3(E[X])/\sqrt{\alpha_2(E[X])^2})$ は 0,尖度 $(\alpha_4(E[X])/\alpha_2(E[X])^2)$ は 3 であることを示せ.

第7章

大数の法則

多くの人は小学時代から君の成績の平均点は何点だとか，平均点から判断するとこの大学に合格する可能性が高いとかいわれた経験があるだろう．試験の回数を多くするとき，各回での得点には変動があっても平均するとあまり変動しなくなる．本章では平均得点がなぜ変動しなくなるのかについて説明する．

7.1 いろいろな収束

均質なサイコロを振る実験を多数回行うと，いろいろな傾向がみられる．その1つとして，振った回数 n のうち1の目が r 回でたとき，比 r/n（相対度数という）を計算してみる．振る回数を大きくすればするほど相対度数は $1/6$ に近づいていく．このような性質を大数の法則という．大数の法則として大数の弱法則，大数の強法則がよく知られている．この法則と次章で学ぶ中心極限定理は確率論のみならず，統計学においても重要な役割を果たす．大数の法則について述べる前に必要な概念を若干準備する．$(\Omega, \mathscr{F}, P)$ は確率空間とする．まず最初に"ほとんど至るところの収束"を述べよう．確率変数の列 $\{X_n\}$ が確率変数 X にほとんど至るところ収束するとは，$\lim_{n\to\infty} X_n(\omega) = X(\omega)$ とならない ω の全体 $(\subset \Omega)$ は P による測度が 0，すなわち，

$$P(\{\omega \in \Omega; \lim_{n\to\infty} X_n(\omega) = X(\omega)\}) = 1$$

のときにいう．確率変数の列 $\{X_n\}$ が X にほとんど至るところ収束することを記号で

$$\lim_n X_n(\omega) = X(\omega) \text{(a.e)} \quad \text{または} \quad \text{(a.e)} \lim_n X_n = X$$

とかく．"ほとんど至るところ収束する"を"**概収束する**"ということもある．

定義からもわかるようにこの収束は確率(測度) P に依存する.

例 7.1 $\Omega = [0,1]$ とする. 2種類の確率 P を考える.
(イ) P は $[0,1]$ 上の一様分布であるとする. その確率密度関数は $f(x) = 1 (0 \leq x \leq 1)$ だから, $[a,b)$ の確率は

$$P([a,b)) = \int_a^b f(x)dx = b - a, \quad 0 \leq a \leq b \leq 1 \tag{7.1}$$

で与えられる. $X_n(x)(n=1,2,\cdots)$, $X(x)$ を次のように定義する.

$$X_n(x) = x^n \quad (n=1,2,\cdots), \quad X(x) = 0.$$

次の極限値はすぐ計算できる.

$$\lim_n X_n(x) = \begin{cases} 0, & 0 \leq x < 1 \\ 1, & x = 1 \end{cases}$$

従って,

$$\{x \in [0,1];\ \lim_n X_n(x) = X(x)\} = [0,1).$$

(7.1) より, $P([0,1)) = 1$. 従って, $\lim_n X_n = X (\text{a.e.})$.
(ロ) P は次のように定義される $[0,1]$ 上の確率測度とする.

$$P([0,x)) = \frac{x}{2}, \quad 0 \leq x \leq 1, \quad P(\{1\}) = \frac{1}{2}.$$

確率変数列 $\{X_n\}$ および X は (イ) におけるそれらと同じものとする.

$$P(\{x \in [0,1];\ \lim_n X_n(x) = X(x)\}) = P([0,1)) = \frac{1}{2} \neq 1.$$

従って. $\lim_n X_n \neq X (\text{a.e.})$.

次に"確率収束"について述べよう. 確率変数列 $\{X_n\}$ が確率変数 X に **確率収束する**とは, 任意の $\varepsilon > 0$ に対し

$$\lim_{n \to \infty} P(|X_n - X| > \varepsilon) = 0$$

が成立するときにいう．このことを記号で

$$\lim_n X_n = X(\text{in } P) \quad \text{または} \quad X_n \xrightarrow{P} X$$

とかく．

最後に"法則収束"について述べよう．確率変数列 $\{X_n\}$ と確率変数 X を考える．X_n, X の分布関数をそれぞれ，$F_{X_n}(x)(= P(X_n \leq x))$, $F(x)(= P(X \leq x))$ としよう．一般に分布関数が不連続な点は高々加算無限個しかないということはよく知られている．従って，ほとんどの点が連続点だと思ってよい．分布関数 $F(x)$ の任意の連続点 a に対して，実数列 $\{F_{X_n}(a)\}$ が $F(a)$ に収束するとき，確率変数列 $\{X_n\}$ は確率変数 X に**法則収束**するという．このことを記号で

$$\lim_n X_n = X(\text{in } L) \quad \text{または} \quad X_n \xrightarrow{L} X$$

とかく．

注意 7.1 上で述べた 3 種類の収束の間には関係がある．すなわち，ほとんど至るところ収束は確率収束を意味するが，逆は成立しない．確率収束は法則収束を意味するが，逆は成立しない．

$$\text{ほとんど至るところ収束} \xrightleftharpoons[\text{誤}]{\text{正}} \text{確率収束} \xrightleftharpoons[\text{誤}]{\text{正}} \text{法則収束}$$

直観的には，左にいくほど，収束の状態がはっきりするということになる．

例 7.2 例 7.1 の（イ）の場合を考える．$\varepsilon > 0$ とすると，

$$\{|X_n - X| > \varepsilon\} = \begin{cases} (\sqrt[n]{\varepsilon}, 1], & 0 < \varepsilon < 1, \\ \emptyset, & \varepsilon \geq 1. \end{cases}$$

従って，(7.1) より

$$P(\{|X_n - X| > \varepsilon\}) = \begin{cases} 1 - \sqrt[n]{\varepsilon}, & 0 < \varepsilon < 1, \\ 0, & \varepsilon \geq 1. \end{cases}$$

$\lim_n \sqrt[n]{\varepsilon} = 1$ であるから，

$$\lim_n P(|X_n - X| > \varepsilon) = 0.$$

故に $\lim_n X_n = X \, (\text{in } P)$．

7.2 大数の法則

確率変数 X の平均 $E[X]$ は X の取り得る値の分布の位置を表し，また，分散 $\mathrm{Var}[X]$ は X の取り得る値の散布度（バラツキ度合い）を表したことを思いだそう（4章参照）．確率変数 X が平均 $E[X]$ のまわりにどの程度ばらついているかを評価するものとしてチェビシェフの不等式がある．チェビシェフの不等式についてはすでに問題 4.4 で扱っているが，ここでは別の証明方法を用いて説明する．

> **チェビシェフの不等式** 確率変数 X は 2 次の積率を持つとし，正数 ε を任意にとる．次の不等式が成立する．
> $$P(|X| \geq \varepsilon) \leq \frac{E[X^2]}{\varepsilon^2}$$

[証明] 簡単のため X が離散型確率変数で，X の取り得る値も有限個の場合のみについて証明しよう．X の取り得る値は $x_1, \cdots, x_m$ であるとしよう．$|x_i| \geq \varepsilon$ となる i の集まりを I とすれば

$$\begin{aligned}
E[X^2] &= \sum_{i \in I} x_i^2 P(X = x_i) + \sum_{i \notin I} x_i^2 P(X = x_i) \\
&\geq \sum_{i \in I} x_i^2 P(X = x_i) \\
&\geq \varepsilon^2 \sum_{i \in I} P(X = x_i) \\
&\geq \varepsilon^2 P(|X| \geq \varepsilon).
\end{aligned}$$

これよりチェビシェフの不等式を得る．　　　　　　　　　　　　　　　　∎

注意 7.2 記号 $\sum_{i \in I} a_i$ の説明をする．和 $\sum_{i \in I} a_i$ は集合 I に属す i に対応する a_i のすべての和を表す．例えば，$I = \{1, 3, 5, 9, 10\}$ ならば $\sum_{i \in I} a_i = a_1 + a_3 + a_5 + a_9 + a_{10}$ となる．

チェビシェフの不等式は次の形でもよく用いられる．

$$P(|X - E[X]| \geq \varepsilon) \leq \frac{1}{\varepsilon^2} V[X].$$

確率変数列の有限列 $X_1, \cdots, X_n$ が独立とは任意の事象 $A_1, \cdots, A_n \in \mathscr{B}$ (ボレル加法族) に対し,

$$P\left(\bigcap_{i=1}^n \{X_i \in A_i\}\right) = \prod_{i=1}^n P(X_i \in A_i)$$

が成立することだった (4 章の独立の定義 III 参照). 確率変数の無限列 $X_1, X_2, \cdots$ が**独立**とは, 任意の自然数 m と任意の自然数 $k_1, k_2, \cdots, k_m$ に対し, 確率変数 $X_{k_1}, X_{k_2}, \cdots, X_{k_m}$ が独立であるときにいう. 確率変数の無限列 $X_1, X_2, \cdots$ を $\{X_n\}$ で表すこともある.

さていよいよ大数の法則を述べる準備ができた.

大数の弱法則　確率変数列 $\{X_n\}$ は独立とし, $V[X_n] < \infty$ とする. $S_n = X_1 + \cdots + X_n$ とおく. ある正数列 $\{b_n\}$ に対し,

$$\lim_n \frac{\sum_{i=1}^n V[X_i]}{b_n^2} = 0$$

ならば,

$$\frac{S_n - E[S_n]}{b_n} \to 0 \quad (\text{in } P).$$

[証明]　チェビシェフの不等式より

$$P\left(\frac{|S_n - E(S_n)|}{b_n} \geq \varepsilon\right) \leq \frac{1}{\varepsilon^2} E\left[\frac{(S_n - E(S_n))^2}{b_n^2}\right]$$
$$= \frac{1}{\varepsilon^2 b_n^2} E[(S_n - E(S_n))^2]$$
$$= \frac{1}{\varepsilon^2 b_n^2} V[S_n].$$

$X_1, \cdots, X_n$ は独立だから, 定理 4.2 より,

$$V[S_n] = \sum_{i=1}^n V[X_i].$$

これと上の不等式より

$$P\left(\frac{|S_n - E[S_n]|}{b_n} \geq \varepsilon\right) \leq \frac{1}{\varepsilon^2 b_n^2} \sum_{i=1}^{n} V[X_i].$$

これと仮定より証明を終える. ▨

> **系 7.1** $\{X_n\}$ は独立で同一分布に従う確率変数で, $E[X_n] = m$, $V[X_n] = \sigma^2$ が存在するものとする. $S_n = X_1 + \cdots + X_n$ とおけば
> $$\lim_n \frac{S_n}{n} = m \quad (\text{in } P).$$

例 7.3 X_n は $B(n, p)$ に従うものとする. このとき,
$$\lim_n X_n/n = p \quad (\text{in } P)$$

となることを示そう. 成功の確率が p であるような実験を独立に n 回続けて行う (ベルヌーイ試行). Z_i は i 回目の実験において成功すれば 1, 失敗すれば 0 となる確率変数とする. n 回中成功の回数を表す X_n は $X_n = Z_1 + \cdots + Z_n$ とかける. $q = 1 - p$ とおく.

$$P(Z_i = 1) = p, \quad P(Z_i = 0) = q \quad (i = 1, 2, \cdots)$$

だから確率変数列 $\{Z_i\}$ は独立で同一分布に従い, しかも,

$$E[Z_i] = p, \quad V[Z_i] = pq.$$

従って, 上の系より, $\lim_n X_n/n = p \,(\text{in } P)$. ▨

> **大数の強法則** 確率変数列 $\{X_n\}$ は独立とし, $V[X_n] < \infty$ とする. $S_n = X_1 + \cdots + X_n$ とおく. $\lim_n b_n = \infty$ となるある正数列 $\{b_n\}$ に対し, $\sum_{i=1}^{\infty} V[X_n]/b_n^2 < \infty$ ならば
> $$\lim_n \frac{S_n - E[S_n]}{b_n} = 0 \quad (\text{a.e.}).$$

> **系 7.2** 確率変数列 $\{X_n\}$ は独立で同一分布に従う確率変数列で，$E[X_n] = m$, $V[X_n] = \sigma^2$ が存在するものとする．$S_n = X_1 + \cdots + X_n$ とおく．このとき，
> $$\lim_n \frac{S_n}{n} = m \quad \text{(a.e.)}.$$

$\{X_n\}$ は独立で同一分布に従う場合は上の系における分散の存在は不要であることを示したのが次の定理である．

> **コルモゴロフの大数の強法則** $\{X_n\}$ は独立で同一分布に従う確率変数列とする．$S_n = X_1 + \cdots + X_n$ とおく．
> $$E[X_1] \text{ が存在する} \quad \Leftrightarrow \quad \lim_n \frac{S_n}{n} = E[X_1] \quad \text{(a.e)}$$

例 7.4 例 7.3 をもう一度考える．確率変数列 $\{Z_i\}$ は独立で同一分布に従い，しかも $E(Z_i) = p$. 従って，コルモゴロフの大数の法則より，$\lim_n S_n/n = p\,(\text{a.e.})$.

練習問題

7.1 例 7.1 の（ロ）の場合を考える．$\lim_n X_n \neq X \,(\text{in } P)$ を示せ．

7.2 X が $\chi^2(n)$ に従うとき，$\lim_n X/n = 1(\text{in } P)$，すなわち，$X/n$ は 1 に確率収束することを示せ．[ヒント] カイ 2 乗分布の再生性を使う．

7.3 X は正規分布 $N(\mu, \sigma^2)$ に従う確率変数とする．$k = 1, 2, 3$ に対して確率 $P(|X - \mu| \geq k\sigma)$ をチェビシェフの不等式を用いて評価せよ．つまり，$P(|X - \mu| \geq k\sigma)$ の値は何以下であるというふうに答えよ．その後，巻末の確率表から $P(|X - \mu| \geq k\sigma)$ の値を求めよ．表からの値をみてチェビシェフの不等式による評価はどのようなものか考えよ．よい評価なのか粗い評価なのか？

第8章

中心極限定理

　前章では，実験を多数回行うとき，各回における観測値の平均がある値に近づく特徴，あるいは，ある値の近くに高い確率で観測されるといった特徴について説明した．本章では，実験を多数回行うとき，この観測値の平均の値の全体的な分布状況がある特定の分布（**漸近分布**という）に近くなることを述べる．

8.1 漸近分布

　この漸近分布の確率の計算が可能であるとき，この特徴は非常に役に立つ．その理由を述べよう．我々の関心の多くはいま行っている実験において観測値の平均の値が〜以上〜以下であるといった現象の起こる確率を求めることである．ところがこの確率を求めるのが非常に困難あるいは求められないことが多い．このとき，この漸近分布を使って求めた値を求めたい確率の近似値とすることができるからである．

　n(実験回数に相当する) が十分大きいとき，確率変数 X_n は確率変数 X に法則収束するとし，X の分布がなになに分布であるとする．このとき，"$\boldsymbol{X_n}$ の漸近分布はなになに分布である" あるいは "$\boldsymbol{X_n}$ は漸近的になになに分布に従う" といわれる．X_n の漸近分布はどのような条件の下で存在し，それはどのような分布であるかということに関する結果を中心極限定理という．

　確率変数列 $\{X_n\}$ が与えられたとき，X_n の漸近分布を求める方法として，積率母関数が利用できる（モーメント法）．これを説明する前に次の補題を用意する．

8.1 漸近分布

> **補題 8.1** 関数列 $\{a_n(x)\}$ は $\lim_n x_n = x$ となる任意の実数列 $\{x_n\}$ に対して
> $$\lim_n n \cdot a_n(x_n) = 0$$
> をみたすものとする．次が成立する．
> $$\lim_{n \to \infty} \left(1 + \frac{x_n}{n} + a_n(x_n)\right)^n = e^x.$$

証明 $f(t) = \log(1+t)$ とおく．$f(t)$ は $t=0$ で何回でも微分可能であり，その導関数

$$f'(t) = \frac{1}{1+t}$$

は $t = 0$ で連続である．テイラー展開より

$$\begin{aligned} f(t) &= f(0) + f'(\theta t)t \\ &= f(0) + f'(0)t + (f'(\theta t) - f'(0))t \\ &= t + (f'(\theta t) - f'(0))t, \end{aligned}$$

ここに θ は t に依存した数であり，$0 < \theta < 1$ をみたす．上式の t に

$$t_n = \frac{x_n}{n} + a_n(x_n)$$

を代入すると，

$$\begin{aligned} &n \log\left(1 + \frac{x_n}{n} + a_n(x_n)\right) \\ &= n\left(\frac{x_n}{n} + a_n(x_n)\right) + n(f'(\theta t_n) - f'(0))\left(\frac{x_n}{n} + a_n(x_n)\right) \\ &= x_n + n a_n(x_n) + (f'(\theta t_n) - f'(0))(x_n + n a_n(x_n)). \end{aligned}$$

これより，

$$\left(1 + \frac{x_n}{n} + a_n(x_n)\right)^n = e^{x_n} \cdot e^{n a_n(x_n)} \cdot e^{(f'(\theta t_n) - f'(0))(x_n + n a_n(x_n))}.$$

仮定 $\lim_n n a_n(x_n) = 0$ と $f'(x)$ の $t = 0$ での連続性により，

$$\lim_n (x_n + n a_n(x_n)) = x, \quad \lim_n (f'(\theta t_n) - f'(0)) = 0.$$

これより求める極限値を得る． ▨

次の定理は漸近分布を求めるときに便利である.

> **定理 8.1** （連続性の定理） $X_n\,(n=1,2,\cdots)$, X は積率母関数を持つものとし，それぞれの積率母関数を $M_n(t)$, $M(t)$ とする．次の条件が満たされているとする．
> (i) 適当な正数 t_0 をとれば，閉区間 $[-t_0, t_0]$ において積率母関数 $M_n(t)$ が存在する．
> (ii) 適当な正数 $t_1 (< t_0)$ をとれば，閉区間 $[-t_1, t_1]$ において積率母関数 $M(t)$ が存在する．
> (iii) 閉区間 $[-t_1, t_1]$ 内の各点に対して，数列 $\{M_n(t)\}$ が $M(t)$ に収束する．このとき，確率変数列 $\{X_n\}$ は確率変数 X に法則収束する．すなわち，X_n の漸近分布は X の分布である．

例 8.1 （ド・モアブル＝ラプラスの中心極限定理） 成功の確率が p であるような実験を独立に n 回続けて行うことを考える．これを **n 回のベルヌーイ試行** と呼んだことを思いだそう．n 回中成功の回数を表す X_n は 2 項分布 $B(n,p)$ に従う（5 章参照）．例題 6.3 で求めたように，X_n の積率母関数は $(q+pe^t)^n$ である．ここに $q=1-p$ である．$\sigma_n = \sqrt{npq}$ とおけば，$(X_n - np)/\sigma_n (= X_n/\sigma_n - np/\sigma_n)$ の積率母関数 $M_n(t)$ は，定理 6.5 より，

$$M_n(t) = e^{-npt/\sigma_n}(q+pe^{t/n})^n$$
$$= (qe^{-pt/\sigma_n} + pe^{qt/\sigma_n})^n$$

となる．指数関数 e^x のテイラー展開より（5 章の (iv) ポアソン分布参照），

$$qe^{-pt/\sigma_n} + pe^{qt/\sigma_n} = 1 + \frac{pq^2 + p^2 q}{2\sigma_n^2}t^2 + \frac{pq^3 - p^3 q}{3!\,\sigma_n^3}t^3 + \cdots$$
$$= 1 + \frac{t^2}{2n} + a_n(t),$$

ここに $a_n(t) = \dfrac{pq^3 - p^3 q}{3!\,\sigma_n^3}t^3 + \cdots$．これより，

8.1 漸近分布

$$M_n(t) = \left(1 + 2^{-1}\frac{t^2}{n} + a_n(t)\right)^n$$

となる．補題 8.1 より，$\lim_n M_n(t) = e^{t^2/2}$ となる．例題 6.5 より，$(X_n - np)/\sqrt{npq}$ の漸近分布は標準正規分布 $N(0,1)$ である．これがド・モアブル＝ラプラスの中心極限定理と呼ばれる．n が大きいときは，事象 $\{a \leq X_n < b\}$ の起こる確率を直接求めることは計算上困難である．しかしながら，中心極限定理により，標準正規分布の確率表からこの確率を近似的に求めることができる．

現在では様々な表現の中心極限定理が知られている．ここでは古典的ではあるがよく使用されるレヴィ＝リンドバーグの中心極限定理を述べる．

定理 8.2 （中心極限定理）　$\{X_n\}$ は独立で同一分布に従う確率変数列とし，$m = E[X_1]$, $\sigma^2 = V[X_1]$ は共に存在するものとする．Z は標準正規分布 $N(0,1)$ に従う確率変数とし，$S_n = \sum_{i=1}^n X_i$ とおく．確率変数列 $\{(\sigma/\sqrt{n})^{-1}(S_n/n - m)\}$ は Z に法則収束する，すなわち，n が十分大きいとき

$$P\left(\frac{S_n/n - m}{\sigma/\sqrt{n}} \leq x\right)$$

の値は $P(Z \leq x)$ の値で近似される．

正数列 $\{\sigma_n\}$，数列 $\{\mu_n\}$ 及び確率変数列 $\{X_n\}$ に対し，$(X_n - \mu_n)/\sigma_n$ が $N(0,1)$ に法則収束するとき，確率変数列 $\{X_n\}$ は漸近的に平均 μ_n，分散 σ_n の正規分布 $N(\mu_n, \sigma_n)$ に従う．このとき μ_n, σ_n はそれぞれ漸近平均，漸近分散と呼ばれる．この言い方を用いると，定理 8.2 における確率変数列 $\{S_n/n\}$ は漸近的に平均 m，分散 σ^2/n の正規分布に従うということができる．

上の定理において，$\sigma_n = \sqrt{n}/\sigma$, $Y_n = S_n/n$ とおけば，$\lim_n \sigma_n = \infty$ であり，$\sigma_n(Y_n - m)$ は漸近的に $N(0,1)$ に従う．このようなとき，適当な連続関数 $h(y)$ を選んで確率変数 Y_n を変換し，変換された確率変数 $h(Y_n)$ の漸近分布を

求める必要が多々生じる．次のようにして確率変数 $h(Y_n)$ の漸近分布を容易に求めることができる (デルタ法)．

> **定理 8.3** 正値連続関数の列 $\{a_n(x)\}$ はある実数 m に対し，正数列 $\{a_n(m)\}$ は無限大に発散するものとする．関数 $h(y)$ は $y = m$ の近傍で連続微分可能で $h'(m) \neq 0$ とし，$a_n(m)(Y_n - m)$ は漸近的に $N(0,1)$ に従うとき，次が成立する．
>
> (1) $a_n(m)\dfrac{h(Y_n) - h(m)}{h'(m)}$ は漸近的に $N(0,1)$ に従う．
>
> (2) $a_n(m)\dfrac{h(Y_n) - h(m)}{h'(Y_n)}$ は漸近的に $N(0,1)$ に従う．
>
> (3) $a_n(Y_n)\dfrac{h(Y_n) - h(m)}{h'(Y_n)}$ は漸近的に $N(0,1)$ に従う．

この定理からわかるように，関数 $h(y)$ をどのように選んでも $h(Y_n)$ の漸近分布は標準正規分布になる．それではどのような選び方をすればよいのかということになる．統計学の分野では，調べたい対象を量的に表すと $h(X)$ であったり，正確な確率近似の必要性から標準正規分布に早く近づくような変換 $h(Y_n)$ を選ぶ，推定の立場から $h(Y_n)$ の分散がパラメータに依らないような変換 (**分散安定化変換**という) を選ぶ等の選び方が多い．従って中心極限定理の結果を用いて，求めたい確率の正規近似をする場合にはその近似精度についても多少なりとも知っておく必要がある．統計学の分野でよく用いられる分布の漸近分布の例を述べよう．まず 2 項分布について述べる．

例 8.2 X は 2 項分布 $B(n,p)$ に従う確率変数とし，パラメータ p は n に無関係な定数とする．

$$2\sqrt{n}\left(\sin^{-1}\sqrt{\dfrac{X}{n}} - \sin^{-1}\sqrt{p}\right)$$

は漸近的に $N(0,1)$ に従うことを示そう．$h(y) = \sin^{-1}\sqrt{y}$ とおくと，$h(y)$

8.1 漸近分布

は $y = p$ の近傍で連続微分可能である．$h'(y) = (1/2)/\sqrt{y(1-y)}$ であり，

$$\sqrt{pq}h'(p) = 2^{-1}\frac{\sqrt{pq}}{\sqrt{pq}} = \frac{1}{2}.$$

$\sqrt{n}(X/n - p)/\sqrt{pq}$ は漸近的に $N(0,1)$ に従うから，定理 8.1 より，$2\sqrt{n}(\sin^{-1}\sqrt{X/n} - \sin^{-1}\sqrt{p})$ は漸近的に $N(0,1)$ に従う．従って，変換

$$h(y) = \sin^{-1}\sqrt{y}$$

は分散安定化変換である． ▨

次の例は 2 項分布とポアソン分布の関係に関するものである．

例 8.3 1 回目は成功の確率 p_1 であるような 1 回のベルヌーイ試行をする．2 回目は成功の確率 p_2 であるような 2 回のベルヌーイ試行をする．このような実験を多数回続けて行う．ここでは確率の列は $\lim_n np_n = \lambda (>0)$ をみたすものとする．n 回目の実験において，成功の回数を表す X_n は 2 項分布 $B(n, p_n)$ に従う（5 章参照）．明らかに，確率変数列 $\{X_n\}$ は独立ではあるが，同一分布には従わない．従って，これまで述べてきた中心極限定理は使えない．このような確率変数列 $\{X_n\}$ にも適用できる中心極限定理はよく知られているが本論では省略する．ここでは積率母関数と補題 8.1 を用いてその漸近分布を求めてみよう．例題 6.3 で求めたように，X_n の積率母関数は $(q_n + p_n e^t)^n$ である．$\lambda_n = np_n$ とおけば，補題 8.1 より，

$$\lim_n (1 - p_n + p_n e^t)^n = \lim_n (1 + \lambda_n(e^t - 1)/n)^n$$
$$= \exp(\lambda(e^t - 1)).$$

関数 $\exp(x)$ は指数関数 e^u の別表現としてよく使用される．これはポアソン分布の積率母関数である（6 章参照）．これと連続性の定理（定理 8.1）より，X_n の漸近分布はポアソン分布 $Po(\lambda)$ となる．つまり，2 項分布 $B(n, p_n)$ はポアソン分布 $Po(\lambda)$ で近似できることがわかる．これが本当に正しいことはすでに定理 5.4 でも述べている． ▨

練習問題

8.1 $\{X_n\}$ は独立で自由度 1 のカイ 2 乗分布 $\chi^2(1)$ に従う確率変数列とし, $Y_n = (X_1 + \cdots + X_n)/n$ とおく. n が十分大きいならば, $\sqrt{n}(Y_n - 1)/\sqrt{2}$ は漸近的に $N(0,1)$ に従うことを示せ.

8.2 $\{X_n\}$ は独立でガンマ分布 $Ga(\alpha, 1)$ に従う確率変数列とし, $Y_n = (X_1 + \cdots + X_n)/n$ とおく. n が十分大きいならば, $\sqrt{n}(Y_n - \alpha)/\sqrt{\alpha}$ は漸近的に $N(0,1)$ に従うことを示せ.

8.3 X は $B(n, p)$ に従う確率変数, $0 < p < 1$ とする. $(X/n)^2$ は漸近的に平均 p^2, 分散 $4p^3(1-p)/n$ の正規分布に従うことを示せ.

8.4 X は $Po(\lambda)$ に従うものとする. λ が十分大きいならば, $(X - \lambda)/\sqrt{\lambda}$ は漸近的に $N(0,1)$ に従うことを示せ.

第II部

統 計 学

　工場の生産現場における抜き取り検査，化学プラントのプロセス管理，交通システムの管理，景気動向の抽出・予測，報道機関による世論調査，薬の有効性や安全性評価，環境汚染物質のリスク評価，DNAの遺伝情報解析等でデータに基づく推論・知識発見が広く行われ，有用な社会的役割を果たしている．

　これらの各分野で用いられているデータに基づく合理的な推論・知識発見の方法には共通した方法が用いられている．個々のデータは互いに異なるが，集団としてみるとある一定の傾向，規則性を示している．これらを確率的（統計的）現象としてモデル化する推論である．情報技術の発展により大量のデータ処理，複雑な計算処理を誰でも行える環境が整い，この統計的推論が現実に威力を発揮している．

　ここではこの統計的推測法の基本，推定法と検定法の考え方についてコイン投げを例にわかりやすい説明を行う．

第9章

点推定と評価

コインを10回投げたら6回表がでた．表のでる確率は6/10と推定する．なにげなく行っているこの計算の根拠を考えよう．

9.1 推定値と出現確率

表のでる確率p，裏のでる確率$1-p$を持つコインがある．母数pが未知の場合に，これをベルヌーイ試行によって推定することを考えよう．今コインを10回投げた結果が，表を1，裏を0としたとき，データが$(1,0,0,1,1,0,1,1,0,1)$と得られたとする．10回投げて表が6回，裏が4回でている．このとき通常pを6/10で推定(推察)する．これを推定値と呼ぶ．では，なぜ6/10でよいのだろうか．7/12ではいけないのか．このことを考えよう．

pが未知であるので，$6/10 = 0.6$と$7/12 = 0.58$を比較してもどちらがよいか判断できない．もし$p = 0.55$なら7/12の方がpに近い．

そこで値6/10と値7/12の計算の求め方に注目する．今，コインをn回投げた結果を$(x_1, x_2, \cdots, x_n)$と表し，その和を$w_n = x_1 + x_2 + \cdots + x_n$と置く．上の例では$n = 10, w_{10} = 6$となり，値6/10は$w_n/n$で，値7/12は$(w_n+1)/(n+2)$で計算を行ったことになる．

$(w_n+1)/(n+2)$は計算値が0と1という極端な値，実際pが0または1となることは考えずらい，これを避ける工夫で，これはこれで1つのよい推定方法と考えられる．

そこで個々の値6/10，7/12でなく，計算方法w_n/nと$(w_n+1)/(n+2)$を比較することを考える．これらを推定量と呼ぶ．これらを比較するにはどうすればよいだろうか．

9.1 推定値と出現確率

コインを 10 回投げたら，上の例では $(1,0,0,1,1,0,1,1,0,1)$ となったが，これは確率（ランダムな）事象だから，次に 10 回投げたら別の結果が得られる．例えば $(0,1,1,0,0,1,0,1,1,0)$ となれば，$w_{10} = 5$ となり，このときは，

$$w_n/n = 5/10 = 0.5, \quad (w_n+1)/(n+2) = 6/12 = 0.5$$

となり同じ値 0.5 を取る．すべての可能性 $w_{10} = 0, 1, \cdots, 10$ に対し，$w_n/n, (w_n+1)/(n+2)$ を計算すれば以下の結果が得られる．

コイン投げ 10 回中の表のでた回数と計算法 ($n = 10$)

w_n	w_n/n	$(w_n+1)/(n+2)$ (小数点以下第 2 位四捨五入)	出現確率
0	0.0	0.08	$(1-p)^{10}$
1	0.1	0.17	$10p^1(1-p)^9$
2	0.2	0.25	$45p^2(1-p)^8$
3	0.3	0.33	$120p^3(1-p)^7$
4	0.4	0.42	$210p^4(1-p)^6$
5	0.5	0.50	$252p^5(1-p)^5$
6	0.6	0.58	$210p^6(1-p)^4$
7	0.7	0.67	$120p^7(1-p)^3$
8	0.8	0.75	$45p^8(1-p)^2$
9	0.9	0.83	$10p^9(1-p)^1$
10	1.0	0.92	p^{10}
			計 1

一番右の列には，未知母数 p のときのその出現確率を記している．コイン n 回投げの結果 $(x_1, \cdots, x_n)$ の和 w_n は，確率現象の実現値だから偶然からいろいろな値 $(0, 1, \cdots, n)$ を持つ．5 章で w_n の出現確率が二項分布に従うことはすでに述べている．

このことから，w_n/n と $(w_n+1)/(n+2)$ を比較するには，個々の結果，例えば 0.6 と 0.58 を比較するのではなくすべての結果とその出現確率を全体として比較することになる．

計算結果と，計算アルゴリズム，**推定値**と**推定量**の違いを理解するには，次の例えがわかりやすい．

今，射撃手 A と B の優秀さを調べるために射撃試験を行ったとする．第 1 発目が

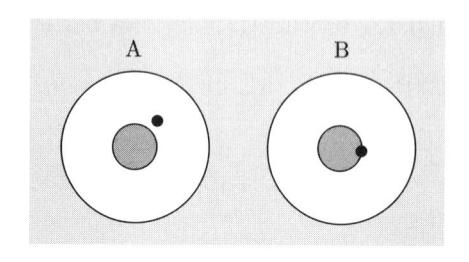

となったとすると，これで射撃手 B の方が優秀だと判定するだろうか．1 発だけではまぐれかもしれない．10 発程度射撃してもらわないとわからない．その結果が

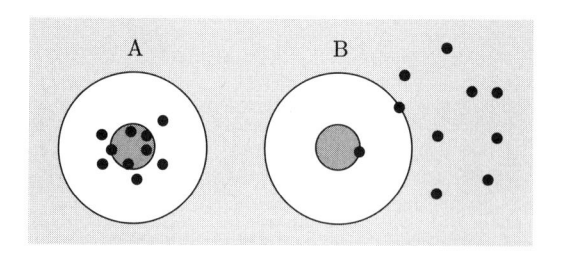

となれば，どう見ても射撃手 A の方が的に集中していて優秀と判定できる．B は的外れだし，ばらつきも大きい．すなわち繰り返し射撃による弾痕全体を見ることで射撃手 A，B を比較していることになる．個々の弾痕が計算結果，**推定値**に，射撃手が計算アルゴリズム，**推定量**に対応すると考えられる．

> **例題 9.1**
>
> 表のでる確率が p の歪みのあるコインを 2 回投げたときに表のでた回数を w_2 とする．表のでる確率 p を 2 つの推定法 $w_2/2$ と $(w_2+1)/(2+2)$ で推定する．このとき前ページの表を参考にして，これらの推定値とその出現確率を表にせよ．この表に基づき $w_2/2$ の平均と分散，また $(w_2+1)/(2+2)$ の平均と分散を計算し比較せよ．

解答 表を参考にして，以下の表が得られる．

w_2	$w_2/2$	$(w_2+1)/(2+2)$	出現確率
0	0.0	0.25	$(1-p)^2$
1	0.5	0.50	$2p(1-p)$
2	1.0	0.75	p^2
			計 1

$w_2/2$ の平均と分散は

$$
\begin{aligned}
E[W_2/2] &= 0 \times (1-p)^2 + 0.5 \times 2p(1-p) + 1 \times p^2 = p \\
V[W_2/2] &= E[(W_2/2)^2] - (E[W_2/2])^2 \\
&= 0^2 \times (1-p)^2 + 0.5^2 \times 2p(1-p) + 1^2 \times p^2 - p^2 \\
&= p(1-p)/2
\end{aligned}
$$

$(w_2+1)/4$ の平均と分散は

$$
\begin{aligned}
E\left[\frac{W_2+1}{4}\right] &= E\left[\frac{W_2/2}{2} + \frac{1}{4}\right] = \frac{E[W_2/2]}{2} + \frac{1}{4} = p + \frac{1-2p}{4} \\
V\left[\frac{W_2+1}{4}\right] &= V\left[\frac{W_2/2}{2} + \frac{1}{4}\right] = \frac{V[W_2/2]}{4} = \frac{p(1-p)}{8}
\end{aligned}
$$

平均については母数 p に対して，$w_2/2$ は同じ値を $(w_2+1)/4$ は $(1-2p)/4$ のズレを持つ．分散については $w_2/2$ に比べて $(w_2+1)/4$ は $1/4$ に小さくなっている． ▨

9.2 統計的モデル

上の推論を理論的に解釈するために，第 I 部で学んだ確率論を利用する．コイン投げを n 回独立に続いて行うとき，第 i 回目に投げたコインが表なら $X_i = 1$, 裏なら $X_i = 0$ とする．確率変数 X_i はベルヌーイ分布 $Be(p)$ に従う，すなわち，

$$P(X_i = 1) = p, \quad P(X_i = 0) = 1 - p.$$

$W_n = \sum_{i=1}^n X_i (= X_1 + X_2 + \cdots + X_n)$ とおく．確率変数 X_i, W_n の実現値を小文字 x_i, w_n で表すと，上の例では $x_1 = 1, x_2 = 0, x_3 = 0, x_4 = 1, x_5 = 1, x_6 = 0, x_7 = 1, x_8 = 1, x_9 = 0, x_{10} = 1$ で $w_{10} = 1+0+0+1+1+0+1+1+0+1 = 6$ となる．値 $6/10 = 0.6$ は w_n/n, 値 $7/12 = 0.58$ は $(w_n+1)/(n+2)$ で求めた

ことになる．このときデータ $(x_1, x_2, \cdots, x_n)$ を標本，これらが取られる源泉を母集団と呼び，ベルヌーイ分布 $Be(p)$ を母集団分布，p を（未知）母数（またはパラメータ）と呼ぶ．以上のことを図で表すと次のようになる．

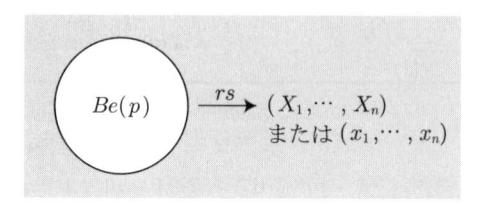

$$Be(p) \xrightarrow{rs} (X_1, \cdots, X_n) \text{ または } (x_1, \cdots, x_n)$$

このデータの取り方を**無作為抽出**（random sampling (rs)）と呼ぶ．この場合 $X_1, X_2, \cdots, X_n$ は互いに独立，同一分布 $Be(p)$ に従う．独立，同一分布は independently identically distributed (iid) と英表記されることから記号で

$$X_1, \cdots, X_n \stackrel{iid}{\sim} Be(p)$$

とも表す．p の推定法は

$$\frac{W_n}{n} = \frac{1}{n}\sum_{i=1}^{n} X_i \quad \text{または} \quad \frac{W_n + 1}{n+2} = \frac{1}{n+2}\left(\sum_{i=1}^{n} X_i + 1\right)$$

である．これらは標本 $(X_1, \cdots, X_n)$ の未知母数 p を含まない関数となっている．

$$u_1(X_1, \cdots, X_n) = \frac{W_n}{n}, \quad u_2(X_1, \cdots, X_n) = \frac{W_n + 1}{n+2}$$

このように標本 $(X_1, \cdots, X_n)$ の関数 $u(X_1, \cdots, X_n)$ を**統計量**という（3章参照）．特に，これをある未知母数を推定するために用いたとき**推定量**，その実現値が**推定値**と呼ばれる．推定量は未知母数を含まないことに注意しておこう．未知母数 p の推定量は $\hat{p} = u(X_1, \cdots, X_n)$ の記号を用いる．p に山を掛けると覚えよう．

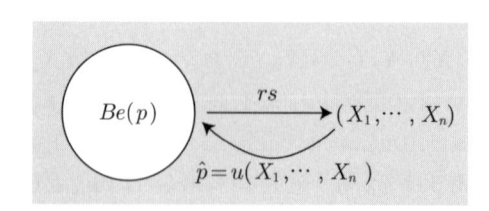

$$Be(p) \xrightarrow{rs} (X_1, \cdots, X_n)$$
$$\hat{p} = u(X_1, \cdots, X_n)$$

例題 9.2

未知母数 (μ, σ^2) を持つ正規分布を母集団分布として持つ母集団から無作為抽出で大きさ n の標本 $X_1, X_2, \cdots, X_n$ を得た. 次の $(X_1, X_2, \cdots, X_n)$ の関数は統計量であるか否か答えよ.

(1) $\overline{X} = \sum_{i=1}^{n} X_i \Big/ n$ (2) $\sum_{i=1}^{n}(X_i - \overline{X})^2$ (3) $\sum_{i=1}^{n}(X_i - \mu)^2$

(4) $\sum_{i=1}^{n}\left(\dfrac{X_i - \mu}{\sigma}\right)^2$ (5) $\sum_{i=1}^{n}(X_i - \mu)^2 \Big/ \sum_{i=1}^{n}(X_i - \overline{X})^2$

解答 未知母数 (μ, σ^2) を式の中に含まない (1), (2) が統計量, 他の (3), (4), (5) は (μ, σ^2) を式の中に含むので統計量ではない.

9.3 推定量の評価基準

この節では推定量 $\hat{p}_1 = W_n/n$ と $\hat{p}_2 = (W_n + 1)/(n + 2)$ のよさの比較を行う. 比較のための評価基準としては推定量の平均的なよさと, そのバラツキの大きさが考えられる. 射撃手 A, B の例では, 弾痕の中心と的とのずれ, 弾痕の広がりである. それぞれ, バイアスと分散, 系統的誤差と偶然誤差として定量化され, **不偏性**, **最小分散性**として評価される.

(i) **バイアス** バイアス (偏差) は推定量の平均と母数 p との差で定義される.

$$\text{Bias}[\hat{p}] = E[\hat{p}] - p$$

W_n が二項分布 $B(n, p)$ に従うので, $E[W_n] = np$. これと定理 4.1 より, $\hat{p}_1$ と $\hat{p}_2$ のバイアスは

$$\text{Bias}[\hat{p}_1] = 0, \quad \text{Bias}[\hat{p}_2] = \frac{1 - 2p}{n + 2}$$

となる. $\hat{p}_1$ のバイアスは常に 0 であるが, 一方 $\hat{p}_2$ のバイアスは $p = 0.5$ のときは 0 で, $0 < p < \dfrac{1}{2}$ のときは正のバイアス, $\dfrac{1}{2} < p < 1$ のときは負のバイアスを持ち, $p = 0.5$ から離れるほど大きくなり最大で $\pm\dfrac{1}{n + 2}$ となる. すべて

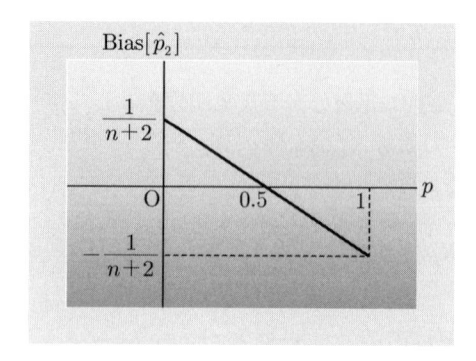

の p に対してバイアス 0 となる性質を**不偏性**と呼ぶ．推定量 $\hat{p}_1$ は不偏性を持つが，$\hat{p}_2$ は持たない．

母数 p が未知である以上 $p = 0.5$ 以外では，$\hat{p}_2$ はバイアスを持つので，バイアス評価からは不偏性を持つ推定量 $\hat{p}_1$ が二者を比較してよいといえる．

例題 9.3

コイン投げの例で p の推定量として標本の実現値に関わらず常に 0.5 をとる推定量 $\hat{p}_3 = 0.5$ を用いるとき，この推定量 $\hat{p}_3 = 0.5$ のバイアスを求め，p が $0 < p < 1$ の範囲を動くときのグラフを描け．

解答 推定量のバイアスの定義から

$$\mathrm{Bias}[\hat{p}_3] = E(\hat{p}_3) - p = E(0.5) - p = 0.5 - p$$

となる．傾き -1，切片 0.5 の直線となり，グラフは以下のようになる．

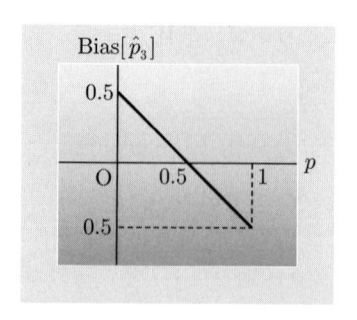

9.3 推定量の評価基準

(ii) **分散** 最小分散性は，推定量のバラツキの大きさを比較して，小さい方がよいとの基準である．$V[W_n] = np(1-p)$ と定理 4.2 より，$\hat{p}_1$ と $\hat{p}_2$ の分散は，

$$V[\hat{p}_1] = \frac{p(1-p)}{n}, \quad V[\hat{p}_2] = \frac{np(1-p)}{(n+2)^2}$$

となる．従って，

$$V[\hat{p}_2] = \left(\frac{n}{n+2}\right)^2 V[\hat{p}_1] < V[\hat{p}_1].$$

これより，分散の相対的に小さい $\hat{p}_2$ の方が最小分散性からはよいといえる．不偏性なら $\hat{p}_1$，最小分散性なら $\hat{p}_2$ が選ばれるので，どちらを取るかは基準次第となる．日常的に我々は不偏性を重視して，$\hat{p}_1$ を選んでいる．

例題 9.4

例題 9.3 の推定量 $\hat{p}_3 = 0.5$ の分散を求めよ．最小分散性のみにこだわると $\hat{p}_3$ が最もよい推定量となる理由を述べよ．

[解答] 推定量 $\hat{p}_3 = 0.5$ の分散は定義から

$$V[\hat{p}_3] = V[0.5] = 0$$

となる．分散 0 であるので，最小分散性からは $\hat{p}_3$ が最もよい推定量となる．データの値に関わらず 0.5 と固定した推定値を取るのであるからバラツキは 0 である．しかし，例題 9.3 で示したようにバイアスは大きい．妥当な推定法とはならないので，実際には使えない．

(iii) **平均 2 乗誤差** バイアス，分散を結合した基準がある．それが**平均 2 乗誤差** MSE（Mean Square Error）で，

$$\mathrm{MSE}[\hat{p}] = E\left[(\hat{p} - p)^2\right]$$

として推定量 $\hat{p}_2$ と p との 2 乗偏差の平均値で定義される．この平均 2 乗偏差が小さい程よいという基準である．一般に

$$\mathrm{MSE}[\hat{p}] = \mathrm{Bias}[\hat{p}]^2 + V[\hat{p}] \tag{9.1}$$

が成立するので，MSE はバイアスとバラツキを結合した基準といえる．

注意 9.1 $E[X] = \mu$ とおくと

$$\begin{aligned}
E[(X-a)^2] &= E[((X-\mu)+(\mu-a))^2] \\
&= E[(X-\mu)^2 + 2(\mu-a)(X-\mu) + (\mu-a)^2] \\
&= E[X-\mu]^2 + 2(\mu-a)E[X-\mu] + (\mu-a)^2 \\
&= V[X] + (\mu-a)^2
\end{aligned}$$

となる. X, μ, a を $\hat{p}, E[\hat{p}], p$ と置き換えれば,上の公式 (9.1) が導出される.

さて, $\hat{p}_1, \hat{p}_2$ の MSE を求めて見よう. $\text{Bias}[\hat{p}_1] = 0$ なので

$$\text{MSE}[\hat{p}_1] = V[\hat{p}_1] = \frac{p(1-p)}{n}$$

である.一方 $\hat{p}_2$ は公式 (9.1) を用いると

$$\begin{aligned}
\text{MSE}[\hat{p}_2] &= \text{Bias}[\hat{p}_2]^2 + V[\hat{p}] \\
&= \left(\frac{1-2p}{n+2}\right)^2 + \left(\frac{n}{n+2}\right)^2 \cdot \frac{p(1-p)}{n}
\end{aligned}$$

となる. $p = 0, 1$ なら

$$0 = \text{MSE}[\hat{p}_1] < \text{MSE}[\hat{p}_2] = (n+2)^{-2}.$$

$p = 1/2$ なら

$$\frac{1}{4n} = \text{MSE}[\hat{p}_1] > \text{MSE}[\hat{p}_2] = \frac{\left(\dfrac{n}{n+2}\right)^2}{4n}.$$

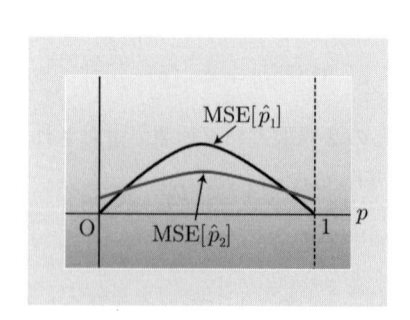

実際に，2者の差を取ると

$$\mathrm{MSE}[\hat{p}_1] - \mathrm{MSE}[\hat{p}_2] = \frac{4(2n+1)}{n(n+2)^2}\left\{-\left(p-\frac{1}{2}\right)^2 + \frac{n+1}{4(2n+1)}\right\}$$

となり，これは p の関数として上に凸な2次関数で $p = 1/2$ で左右対称，$p_\alpha = \dfrac{1}{2} - \sqrt{\dfrac{n+1}{4(2n+1)}}$ と $p_\beta = \dfrac{1}{2} + \sqrt{\dfrac{n+1}{4(2n+1)}}$ で2者の差が負から正，正から負と変わる．

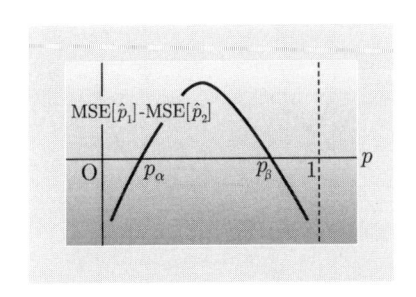

p_α と p_β は，n が大きくなると $\dfrac{n+1}{4(2n+1)} = \dfrac{1+1/n}{4(2+1/n)} \to 1/8$ なので，それぞれ約 0.15 と 0.85 となるから p が 0 と 1 に近い $0 \sim 0.15$，$0.85 \sim 1$ にあることが予想されるときは $\mathrm{MSE}(\hat{p}_1)$ が小さく，p が 0.5 回りの広い範囲，$0.15 \sim 0.85$ が予想されるときは $\mathrm{MSE}(\hat{p}_2)$ が小さいことになる．どちらにしろ，全般的に見て $\hat{p}_1$ と $\hat{p}_2$ のよさは一概に評価できないといえる．$6/10$ と $7/12$ からは真の p の値が 0.5 付近と考えられるので，MSE の見地からは推定量としては $\hat{p}_2$ による推定の方がよいといえるだろう．このとき推定値として $7/12$ が得られる．

例題 9.5

例題 9.3 の推定量 $\hat{p}_3 = 0.5$ の平均2乗誤差 $\mathrm{MSE}[\hat{p}_3]$ を求めよ．そして，$\mathrm{MSE}[\hat{p}_1]$，$\mathrm{MSE}[\hat{p}_2]$ と比較せよ．

[解答] 推定量 $\hat{p}_3 = 0.5$ の平均2乗誤差 $\mathrm{MSE}[\hat{p}_3]$ は

$$\mathrm{MSE}[\hat{p}_3] = \mathrm{Bias}[\hat{p}_3] + V[\hat{p}_3] = (0.5-p)^2 + 0 = (0.5-p)^2$$

である．一方，$\mathrm{MSE}[\hat{p}_1]$, $\mathrm{MSE}[\hat{p}_2]$ は

$$\mathrm{MSE}[\hat{p}_1] = V[\hat{p}_1] = \frac{p(1-p)}{n}$$
$$\mathrm{MSE}[\hat{p}_2] = \left(\frac{1-2p}{n+2}\right)^2 + \left(\frac{n}{n+2}\right)^2 \frac{p(1-p)}{n}$$

であったことを思いだそう．3者の比較は以下のグラフの通り，$\mathrm{MSE}[\hat{p}_3]$ は他の2者とは違った動きをしている．

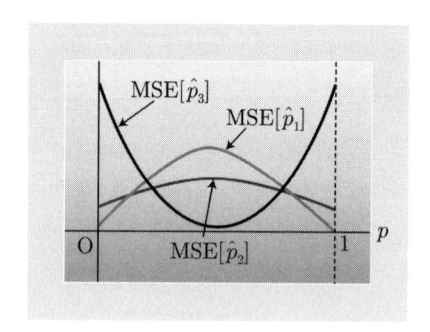

9.4 正規母集団

母集団分布が $N(\mu, \sigma^2)$ であるような母集団から n 個の標本 $X_1, \cdots, X_n$ が得られたとしよう．未知の平均 μ は**標本平均** $\overline{X} = n^{-1}\sum_{i=1}^{n} X_i$ で推定し，未知の分散 σ^2 は**標本分散** $S_n^2 = n^{-1}\sum(X_i - \overline{X})^2$ または $S_{n-1}^2 = (n-1)^{-1}\sum(X_i - \overline{X})^2$ で推定する．S_n^2 を標本分散，S_{n-1}^2 を（標本）不偏分散と呼んでいる．S_{n-1}^2 の優位性のため，S_{n-1}^2 を標本分散と呼び，これを σ^2 の推定量として用いる場合が多い．ここでは S_n^2 と S_{n-1}^2 のよさ具合の比較を不偏性，最小分散性，平均2乗誤差の観点から調べる．そのために次の定理を用意する．

正規標本定理 正規分布 $N(\mu, \sigma^2)$ を母集団分布とする母集団からの大きさ n の無作為抽出標本を $(X_1, X_2, \cdots, X_n)$ とする．このとき，次のことが成立する．

9.4 正規母集団

> (i) $\overline{X}$ は正規分布 $N(\mu, \sigma^2/n)$ に従う．
> (ii) $\overline{X}$ と S_{n-1}^2（または S_n^2）は独立である．
> (iii) $(n-1)S_{n-1}^2/\sigma^2$ は自由度 $(n-1)$ の χ^2 分布に従う．

(i) **不偏性**　正規標本定理より，$nS_n/\sigma^2 (= (n-1)S_{n-1}^2/\sigma^2)$ は自由度 $(n-1)$ の χ^2 分布に従う．従って，5 章 (vi) より，$E[nS_n/\sigma^2] = n-1$．これより，

$$E\left[S_n^2\right] = \frac{\sigma^2}{n} E\left[\frac{nS_n^2}{\sigma^2}\right] = \frac{\sigma^2}{n}(n-1) = \sigma^2 - \frac{\sigma^2}{n},$$

$$\mathrm{Bias}\left[S_n^2\right] = E\left[S_n^2\right] - \sigma^2 = -\frac{\sigma^2}{n}$$

となり S_n^2 は負のバイアス $-\sigma^2/n$ を持つ．一方，$\mathrm{Bias}\left[S_{n-1}^2\right] = E[S_{n-1}^2] - \sigma^2 = E[nS_n^2/(n-1)] - \sigma^2 = nE[S_n^2]/(n-1) - \sigma^2 = 0$ だから，S_{n-1}^2 は不偏性を持つ．不偏性からは S_n^2 に比べ，S_{n-1}^2 がよい．不偏分散の呼び名はこの性質から来ている．

(ii) **最小分散性**　nS_n/σ^2 は自由度 $(n-1)$ の χ^2 分布に従う．従って，第5章 (vi) より，$V[nS_n/\sigma^2] = 2(n-1)$．これより，

$$V[S_n^2] = \left(\frac{\sigma^2}{n}\right)^2 V\left[\frac{nS_n^2}{\sigma^2}\right] = \frac{2\sigma^4}{n^2}(n-1).$$

一方，

$$V[S_{n-1}^2] = \left(\frac{\sigma^2}{n-1}\right)^2 V\left[\frac{(n-1)S_{n-1}^2}{\sigma^2}\right] = \frac{2\sigma^4}{(n-1)}.$$

これら 2 式を比較すると

$$V[S_n^2] = \frac{2\sigma^4}{n-1}\left(\frac{n-1}{n}\right)^2 < \frac{2\sigma^4}{n-1} = V[S_{n-1}^2]$$

となり，分散は S_n^2 の方が小さい．

(iii) **平均 2 乗誤差**　上の結果を用いると

$$\mathrm{MSE}[S_n^2] = \mathrm{Bias}[S_n^2]^2 + V[S_n^2] = \frac{\sigma^4}{n^2}(2n-1),$$

$$\mathrm{MSE}[S_{n-1}^2] = V[S_{n-1}^2] = \frac{2\sigma^4}{n-1}.$$

これより，
$$\mathrm{MSE}[S_{n-1}^2] - \mathrm{MSE}[S_n^2] = \frac{3n-1}{n^2(n-1)}\sigma^4 > 0.$$

従って $\mathrm{MSE}[S_n^2] < \mathrm{MSE}[S_{n-1}^2]$ となり S_n^2 の方が平均2乗誤差は小さい．

別の統計量 $S_{n+1}^2 = (n+1)^{-1}\sum(X_i - \overline{X})^2$ を考えてみよう．

$$\mathrm{Bias}[S_{n+1}^2] = -\frac{2\sigma^2}{n+1},$$
$$V[S_{n+1}^2] = \frac{2\sigma^4}{(n+1)^2}(n-1),$$
$$\mathrm{MSE}[S_{n+1}^2] = \frac{2\sigma^4}{n+1}$$

となるので次の大小関係が成立する．

$$|\mathrm{Bias}[S_{n+1}^2]| > |\mathrm{Bias}[S_n^2]| > |\mathrm{Bias}[S_{n-1}^2]| = 0,$$
$$V[S_{n+1}^2] < V[S_n^2] < V[S_{n-1}^2],$$
$$\mathrm{MSE}[S_{n+1}^2] < \mathrm{MSE}[S_n^2] < \mathrm{MSE}[S_{n-1}^2].$$

分散，平均2乗誤差については S_{n+1}^2 が一番小さい．このようにどの基準を優先させるかで，σ^2 の推定量 S_{n-1}^2, S_n^2, S_{n+1}^2 の相対評価が変わることに注意しよう．標本分散として S_{n-1}^2 がグローバルスタンダードとなっていることは，分散 σ^2 の推定では不偏性が一番重要視されていると考えられる．

例題 9.6

次の式を示せ．

(1)　$\mathrm{Bias}[S_{n+1}^2] = -\dfrac{2\sigma^2}{n+1}$　　(2)　$V[S_{n+1}^2] = \dfrac{2\sigma^4}{(n+1)^2}(n-1)$

(3)　$\mathrm{MSE}[S_{n+1}^2] = \dfrac{2\sigma^4}{n+1}$

解答　$S_{n+1}^2 = \dfrac{n-1}{n+1}S_{n-1}^2$ を用いて以下のように計算される．

$$\text{Bias}[S_{n+1}^2] = E\left[\frac{n-1}{n+1}S_{n-1}^2\right] - \sigma^2 = \frac{n-1}{n+1}E[S_{n-1}^2] - \sigma^2$$

$$= \frac{n-1}{n+1}\sigma^2 - \sigma^2$$

$$= -\frac{2}{n+1}\sigma^2$$

$$V[S_{n+1}^2] = V\left[\frac{n-1}{n+1}S_{n-1}^2\right] = \left(\frac{n-1}{n+1}\right)^2 V[S_{n-1}^2]$$

$$= \left(\frac{n-1}{n+1}\right)^2 \frac{2\sigma^4}{n-1}$$

$$= \frac{2\sigma^4}{(n+1)^2}(n-1)$$

$$\text{MSE}[S_{n+1}^2] = \text{Bias}^2[S_{n+1}^2] + V[S_{n+1}^2]$$

$$= \left(-\frac{2\sigma^2}{n+1}\right)^2 + \frac{2\sigma^4}{(n+1)^2}(n-1)$$

$$= \frac{2\sigma^4}{n+1}$$

練習問題

9.1 コイン投げにおいて母数 p の推定値として $\hat{p}_4 = (w_n+2)/(n+3)$ を考える。$\hat{p}_4$ のバイアス、分散、平均2乗誤差を求め、$\hat{p}_1 = w_n/n$, $\hat{p}_2 = (w_n+1)/(n+2)$ のそれらと比較せよ。

9.2 正規分布 $N(\mu, \sigma^2)$ を母集団分布とする母集団からの大きさ n の無作為抽出標本を $(X_1, X_2, \cdots, X_n)$ とする。このとき、平均 μ の推定には標本平均 $\overline{X} = n^{-1}\sum_{i=1}^n X_i$ を用いたとき、$\overline{X}$ のバイアス、分散、平均2乗誤差を求めよ。

9.3 無作為抽出標本 $(X_1, X_2, \cdots, X_n)$ は問題 9.2 と同じとする。平均 μ の推定に $\overline{X}_{n+1} = (n+1)^{-1}\sum_{i=1}^n X_i$ を用いたとき、$\overline{X}_{n+1}$ のバイアス、分散、平均2乗誤差を求め、$\overline{X}$ と比較せよ。

第10章

推定値の構成法

　前章では，コイン投げで表のでる確率 p の推定値 $\hat{p} = w_n/n$ と $\hat{p}_2 = (w_n+1)/(n+2)$ を直観的に与えた上で，それらの推定量のよさを3つの評価基準，不偏性，最小分散性，平均2乗誤差を用いて比較した．ここではシステマティックに推定値を導出する構成法を与える．上の直観を論理的に説明することになる．モーメント法と最尤法（さいゆうほう）が2大構成法である．前者が簡便法で理解しやすいのに比べ，後者は尤度（ゆうど）原理に基づいており統一的な理論展開ができるが，尤度を理解するのに最初はとまどいがちである．コイン投げの例，正規母集団の例を用いて説明を行う．

10.1 モーメント法

　コイン投げの例では，母集団，標本の関係を図示すると

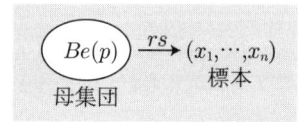

$$\underset{\text{母集団}}{Be(p)} \xrightarrow{rs} \underset{\text{標本}}{(x_1,\cdots,x_n)}$$

となる．母集団，標本の1次モーメント，平均はそれぞれ $E(X) = p$ と $\bar{x}$ である．母集団を標本が代表していることからそれらの1次モーメントはほぼ等しいと見なせるとの考えから母集団モーメント＝標本モーメントという方程式を立て，未知母数について解く方法が考えられる．コイン投げでは $p = \bar{x}$，この方程式の根が**モーメント法**による推定値 $\tilde{p} = \bar{x}$ である．最尤法の推定値に $\hat{p}$（p ハット）を用いる習慣があり，それと区別するために，モーメント法の推定値には $\tilde{p}$（p ウェーブ）を用いることにする．ところで $\bar{x} = w_n/n$ であるのでこれは $\hat{p}_1$ となる．

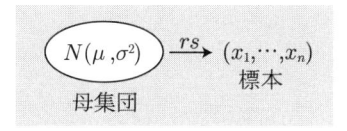

$$N(\mu,\sigma^2) \text{母集団} \xrightarrow{rs} (x_1,\cdots,x_n) \text{標本}$$

正規母集団での平均,分散 (μ,σ^2) の推定値をモーメント法で構成しよう.

この場合,未知母数が (μ,σ^2) と2つあるので1次モーメントと2次モーメントを用いる.正規母集団の1次モーメント,2次モーメントは $E[X] = \mu$, $E[X^2] = \mu^2 + \sigma^2$ であり,標本については $\overline{x}, \overline{x^2} (= (x_1^2 + \cdots + x_n^2)/n)$ である.よってこれらの対応するモーメントを等しいと置いた方程式は

$$\begin{cases} \mu = \overline{x}, \\ \mu^2 + \sigma^2 = \overline{x^2} \end{cases}$$

となる.この連立方程式の解 $(\tilde{\mu}, \tilde{\sigma^2})$ は例題 4.1 より

$$\begin{cases} \tilde{\mu} = \overline{x}, \\ \tilde{\sigma}^2 = \overline{x^2} - \overline{x}^2 = s_n^2 \end{cases}$$

で与えられ,標本平均と従来の標本分散 s_n^2 (s_{n-1}^2 でなく)が導出される.

例題 10.1

分散既知の正規母集団での未知母平均 μ の推定値をモーメント法で構成せよ.

[解答] 未知母数は母平均 μ の1つであるので,1次モーメントを使って,母集団モーメント=標本モーメントの推定方程式は $\mu = \overline{x}$ となる.この解 $\tilde{\mu} = \overline{x}$ がモーメント法の推定値で,分散未知の場合と同じである.

10.2 最 尤 法

コイン投げを考えよう.

各 x_i は,ベルヌーイ分布に従うので,確率関数

$$f(x_i : p) = p^{x_i}(1-p)^{1-x_i} \quad (x_i = 0, 1)$$

を持つ.また,$x_1, \cdots, x_n$ は互いに独立,同一分布に従う.このことから,標

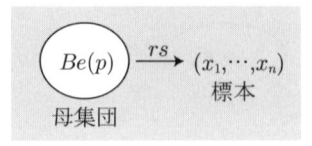

本 $(x_1, \cdots, x_n)$ は同時確率関数として

$$\prod_{i=1}^{n} f(x_i : p) = \prod_{i=1}^{n} p^{x_i}(1-p)^{1-x_i}$$
$$= p^{\Sigma x_i}(1-p)^{n-\Sigma x_i}$$
$$= p^{w_n}(1-p)^{n-w_n}$$

を持つ．ここに $w_n = \sum_{i=1}^{n} x_i$．標本 $(x_1, \cdots, x_n)$ が与えられたとき，$\prod_{i=1}^{n} f(x_i : p)$ は p についての関数とみなせる．これを母数 p の**尤度**（関数）といい，

$$L(p) = p^{w_n}(1-p)^{n-w_n} \quad (0 < p < 1)$$

と表す．さて，今 $p = 1/4$ と $p = 3/4$ のどちらかが真であるが，未知であるとする．標本データからは $n = 10$ で $w_n = 8$ となった．どちらが $\overset{\text{もっとも}}{\text{尤}}$ らしいと判断するだろうか．標本の表の出現率 0.8 から $p = 3/4$ を取るだろう．そこで $p = 1/4$ と $p = 3/4$ の尤度を計算してみると

$$L(1/4) = (1/4)^8(3/4)^2 = 8.58 \times 10^{-6},$$
$$L(3/4) = (3/4)^8(1/4)^2 = 6.26 \times 10^{-3}$$

となり $L(3/4)$ の方が $L(1/4)$ より 1000 倍弱大きい．すなわち $p = 1/4$ としたときの標本データの同時確率 $L(1/4)$ に比べ，$p = 3/4$ としたときの同じ標本データの同時確率 $L(3/4)$ の方が 1000 倍弱大きいことになっている．$p = 1/4$ に比べ $p = 3/4$ の方がより尤らしい．この尤らしさの大きさが尤度といえる．ここでは $p = 1/4, 3/4$ を比べたが，p は $0 \sim 1$ まで可能な値を持つのだから，この範囲で $L(p)$ を最大にする p が最も尤らしいことになる．これを**最尤推定値**と呼び $\hat{p}$ で表す．

argmax は $L(p)$ を最大にする p を表す記号であり引数 argument と最大化

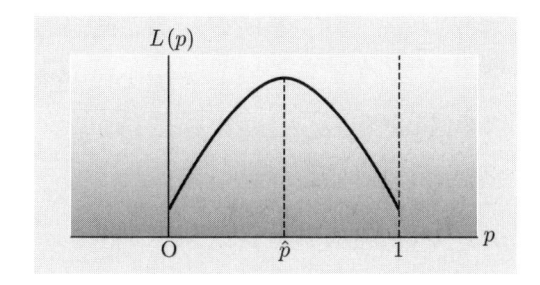

10.2 最尤法

$$\hat{p} = \operatorname{argmax} L(p)$$

maximize の合成記号であり便利なので，ここで使わせてもらおう．さて $L(p)$ を最大化する p と $L(p)$ の対数を取った**対数尤度** $l(p) = \log L(p)$ を最大化する点 p は同じである．これは対数関数 $y = \log x$ が厳密な意味で単調増加関数であることから示せる．$L(p)$ が増加しているときは $l(p)$ も増加，$L(p)$ が減少しているときは $l(p)$ も減少しているのだから $L(p), l(p)$ を最大にする点は一致するのである．

すなわち

$$\hat{p} = \operatorname{argmax} L(p) = \operatorname{argmax} l(p),$$

$$l(p) = \log L(p) = w_n \log(p) + (n - w_n) \log(1 - p)$$

ところで $l(p)$ が最大になる点と極大になる点が一致すればそこでの接線の傾きは 0 となるのだから，$\hat{p}$ は方程式

$$\frac{\partial l(p)}{\partial p} = \frac{w_n}{p} - \frac{n - w_n}{1 - p} = 0$$

の解となる．この方程式を**尤度方程式**と呼び，その解として，最尤推定値

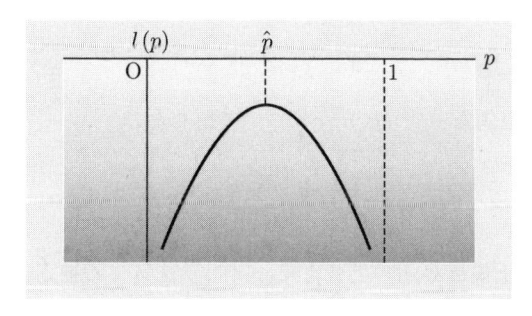

$$\hat{p} = \operatorname{argmax} l(p)$$

$\hat{p} = w_n/n = \overline{x}$ が導出される．コイン投げでは，最尤推定値 $\hat{p}$ はモーメント法による推定値 $\tilde{p} = \overline{x}$ と一致する．

次に正規母集団での例を示そう．

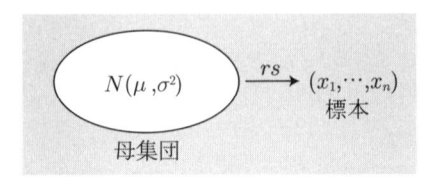

$$N(\mu, \sigma^2) \xrightarrow{rs} (x_1, \cdots, x_n)$$
母集団　　　　　標本

このとき 2 母数 (μ, σ^2) の尤度関数は，正規分布の確率密度関数は

$$f(x : \mu, \sigma^2) = \frac{1}{\sqrt{2\pi\sigma^2}} e^{-\frac{(x-\mu)^2}{2\sigma^2}}$$

だから

$$\prod_{i=1}^{n} f(x_i : \mu, \sigma^2) = \prod_{i=1}^{n} \frac{1}{\sqrt{2\pi\sigma^2}} e^{-\frac{(x_i-\mu)^2}{2\sigma^2}}$$
$$= (2\pi\sigma^2)^{-\frac{n}{2}} \exp\left(-\frac{\sum(x_i-\mu)^2}{2\sigma^2}\right).$$

従って対数尤度関数は

$$l(\mu, \sigma^2) = \ln L(\mu, \sigma^2) = -\frac{n}{2}\ln 2\pi - \frac{n}{2}\ln \sigma^2 - \frac{1}{2\sigma^2}\sum_{i=1}^{n}(x_i-\mu)^2$$

となり，尤度方程式は

$$\frac{\partial l}{\partial \mu} = \frac{1}{\sigma^2}\sum_{i=1}^{n}(x_i-\mu) = 0,$$
$$\frac{\partial l}{\partial \sigma^2} = -\frac{n}{2\sigma^2} + \frac{1}{2(\sigma^2)^2}\sum_{i=1}^{n}(x_i-\mu)^2 = 0$$

である．この連立方程式を (μ, σ^2) について解くと

$$\hat{\mu} = \overline{x}, \quad \widehat{\sigma^2} = \frac{1}{n}\sum_{i=1}^{n}(x_i-\overline{x})^2 = s_n^2$$

が求まる．この正規母集団の場合もモーメント法による推定値 $(\tilde{\mu}, \widetilde{\sigma^2})$ と一致している．

例題 10.2

正規母集団における母数 (μ, σ^2) の最尤推定値が

$$\hat{\mu} = \overline{x}, \quad \widehat{\sigma^2} = \frac{1}{n}\sum(x_i - \overline{x})^2 = s_n^2$$

となることを示せ．

[解答] $t = \sigma^2$ とおく．尤度方程式

$$\frac{\partial l}{\partial \mu} = \frac{1}{t}\sum(x_i - \mu) = 0,$$

$$\frac{\partial l}{\partial t} = -\frac{n}{2t} + \frac{1}{2(t)^2}\sum_{i=1}^{n}(x_i - \mu)^2 = 0$$

の解が $(\hat{\mu}, \widehat{\sigma^2})$ となることを示す．第1式から，$\sum(x_i - \mu) = 0$．これより，$n\mu = \sum x_i$．故に $\hat{\mu} = \overline{x}$．これを第2式に代入して $nt = \sum(x_i - \overline{x})^2$．これより，$\widehat{\sigma^2} = n^{-1}\sum(x_i - \overline{x})^2 (= s_n^2)$ が求まる．

練習問題

10.1 ポアソン分布 $Po(\lambda)$ を母集団分布にもつ母集団から大きさ n の標本 $(x_1, x_2, \cdots, x_n)$ を得た．母数 λ についてモーメント法による推定値 $\tilde{\lambda}$ を求めよ．

10.2 ポアソン分布 $Po(\lambda)$ を母集団分布にもつ母集団から大きさ n の標本 $(x_1, x_2, \cdots, x_n)$ を得た．母数 λ について最尤法による推定値 $\hat{\lambda}$ を求めよ．

10.3 指数分布 $Ex(\lambda)$ は確率密度関数

$$f(x) = \lambda e^{-\lambda x}, \quad 0 < x < \infty$$

を持つ．指数分布を母集団分布として持つ母集団から大きさ n の標本 $(x_1, x_2, \cdots, x_n)$ を得た．母数 λ についてモーメント法による推定値 $\tilde{\lambda}$ を求めよ．

10.4 指数分布 $Ex(\lambda)$ を母集団分布として持つ母集団から大きさ n の標本 $(x_1, x_2, \cdots, x_n)$ を得た．母数 λ について最尤法による推定値 $\hat{\lambda}$ を求めよ．

第11章

区間推定

10.1 節, 10.2 節では, 未知母数を点で推定した. 推定値のバラツキを考えれば区間で未知母数を推定することが考えられる. この推定法を点推定に対比して区間推定と呼ぶ.

11.1 信頼区間

一般的に母集団の母集団分布が確率関数, または確率密度関数 $f(x:\theta)$ に従うとき, 未知母数 θ を大きさ n の標本 $(x_1, \cdots, x_n)$ を用いて区間推定することを考える.

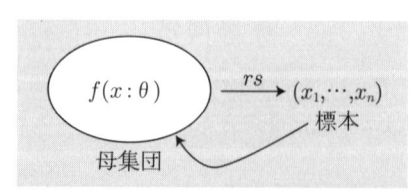

点推定では標本 $(x_1, \cdots, x_n)$ に基づく適当な統計量 $u(x_1, \cdots, x_n)$ によって $\hat{\theta} = u(x_1, \cdots, x_n)$ で θ を推定する. 一方, **区間推定**は適当な 2 つの統計量, $u_1(x_1, \cdots, x_n) < u_2(x_1, \cdots, x_n)$ を準備して $\hat{\theta}_1 = u_1(x_1, \cdots, x_n)$, $\hat{\theta}_2 = u_2(x_1, \cdots, x_n)$ として区間 $[\hat{\theta}_1, \hat{\theta}_2]$ で θ を推定する. このとき, $\hat{\theta}_1, \hat{\theta}_2$ が確率変数なので, この区間 $[\hat{\theta}_1, \hat{\theta}_2]$ が θ を含む確率

$$1 - \alpha = P(\hat{\theta}_1 \leq \theta \leq \hat{\theta}_2)$$

が与えられる. この $1 - \alpha$ を**信頼係数**, $100(1-\alpha)\%$ を**信頼率**と呼ぶ. 普通 95%を用いる. $[\hat{\theta}_1, \hat{\theta}_2]$ を信頼係数 $1-\alpha$ の信頼区間, $\hat{\theta}_1$ を**下側信頼限界**, $\hat{\theta}_2$ を

上側信頼限界と呼ぶ．信頼区間の構成は，コイン投げなどの離散データ，計数データでは近似分布の利用など取り扱いに注意が必要である．

11.2 平均 μ の区間推定（分散既知）

まず正規母集団の連続データが与えられたとき，平均 μ の信頼区間の構成を例示しよう．分散 σ_0^2 が既知の場合を図示すると

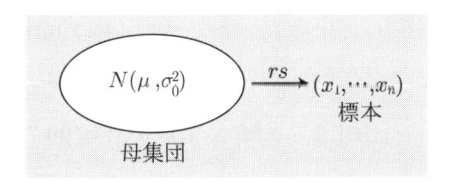

$$N(\mu, \sigma_0^2) \xrightarrow{rs} (x_1, \cdots, x_n)$$
母集団　　　　標本

となる．未知平均母数 μ の推定量 $\hat{\mu}$ には標本平均 $\overline{X}$ が使用されるので，この $\overline{X}$ を手掛りに信頼区間を構成しよう．正規標本定理により，$\overline{X}$ は正規分布 $N(\mu, \sigma_0^2/n)$ に従う．よって $\overline{X}$ を標準化した変量 Z

$$Z = \sqrt{n}(\overline{X} - \mu)/\sigma_0 \tag{11.1}$$

は標準正規分布 $N(0,1)$ に従う．$N(0,1)$ の上側 $100 \times \alpha$ %点を z_α とすると

$$1 - \alpha = P(|Z| \leq z_{\alpha/2})$$

である．この Z に (11.1) を代入して，μ について不等式を解くと

$$1 - \alpha = P\left(\overline{X} - \frac{z_{\alpha/2}\sigma_0}{\sqrt{n}} \leq \mu \leq \overline{X} + \frac{z_{\alpha/2}\sigma_0}{\sqrt{n}}\right) \tag{11.2}$$

となる．従って $\hat{\mu}_1 = \overline{X} - z_{\alpha/2}\sigma_0/\sqrt{n}$，$\hat{\mu}_2 = \overline{X} + z_{\alpha/2}\sigma_0/\sqrt{n}$ とおけば

$$1 - \alpha = P(\hat{\mu}_1 \leq \mu \leq \hat{\mu}_2)$$

が成立し，信頼係数 $1-\alpha$ の信頼区間 $[\hat{\mu}_1, \hat{\mu}_2]$ が構成できる．信頼率 95% のときは $z_{\alpha/2} = z_{0.025} = 1.96$ となることが巻末の正規分布表からわかる．

例 11.1　ある工作機械から生産される部品を 25 個無作為抽出して直径を計ったところ，以下のデータが得られ，平均値は 101.3mm であった．

106.6	103.9	99.0	107.9	101.3
100.9	93.4	99.0	99.8	97.7
97.5	105.3	104.4	101.2	97.1
104.4	99.1	97.6	100.6	109.6
96.2	96.7	106.2	104.1	103.5

生産される部品の直径は，平均 μ，分散 $\sigma_0^2 = (4.1)^2 \mathrm{mm}^2$ の正規分布に分布するとして，μ の信頼度 95%の信頼区間を求めよう．(11.2) より

$$\hat{\mu}_1 = 101.3 - 1.96 \times 4.1/\sqrt{25} = 99.7,$$
$$\hat{\mu}_2 = 101.3 + 1.96 \times 4.1/\sqrt{25} = 102.9$$

すなわち $[99.7, 102.9]$mm となる．

ここで信頼度 95%の意味を考えてみよう．すなわち，

$$0.95 = P(\hat{\mu}_1 \leq \mu \leq \hat{\mu}_2).$$

$\hat{\mu}_1, \hat{\mu}_2$ は確率変数だから，区間 $[\hat{\mu}_1, \hat{\mu}_2]$ はいろいろと動く．この区間が固定値 μ を含む確率が 0.95 であることを示している．従って繰り返し 25 個のデータを取るごとに区間 $[\hat{\mu}_1, \hat{\mu}_2]$ は異なり，μ を含むこともあり，含まないこともあるが，含む頻度は 95%であるということを示している．

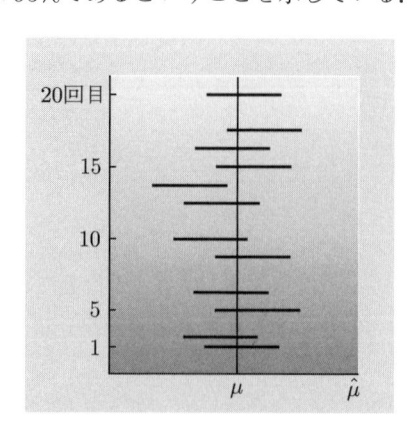

11.3 平均 μ の区間推定（分散未知）

では上で求めた [99.7,102.9] についての信頼度 95% はどう考えればよいのか．くり返し調査をすれば真値 μ を含む頻度が 95% の推定計算法 $[\hat{\mu}_1, \hat{\mu}_2]$ を用いて，個別 1 回の実現値により求めた [99.7,102.9] は，μ を含むか，含まないかのどちらしかないが，この区間 [99.7,102.9] が μ を含む確信度は 95% であると考えるのが合理的であろう．くり返し試行による客観的な確率を**確信度**という主観的な確率に読み換えるのである．

例題 11.1

例 11.1 で，標本数 n が 16 のときに標本平均値が 101.3mm と同じ値が求まったとする．このときの 95% 信頼区間を求めよ．逆に信頼区間幅が 2mm 以内となるように標本数 n を求めよ．

[解答] 分散既知正規母集団の平均母数の 95% 信頼区間は公式から

$$\hat{\mu}_1 = 101.3 - 1.96 \times 4.1/\sqrt{16} = 99.3,$$
$$\hat{\mu}_2 = 101.3 + 1.96 \times 4.1/\sqrt{16} = 103.3$$

となり，標本数 n が 25 のときの 95% 信頼区間 [99.7,102.9] より精度が悪いため広い．標本数 n のときの 95% 信頼区間の幅は

$$2 \times 1.96 \times 4.1/\sqrt{n} - 16.07/\sqrt{n}$$

で与えられる．これを 2 以内とする最小の整数 n について解くと $n=65$ と求まる．

11.3 平均 μ の区間推定（分散未知）

前の例では分散 σ^2 を既知としたが，あまり現実的ではない．今度は，分散 σ^2 も未知として，未知平均母数 μ の信頼区間構成を与えよう．5 章 (vi) で述べた t 分布が役に立つ．

今，正規母集団から無作為抽出より大きさ n の標本が得られたとする．

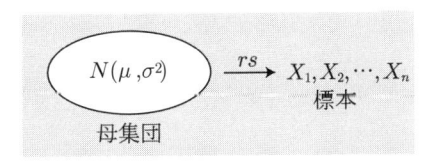

$$N(\mu, \sigma^2) \xrightarrow{rs} X_1, X_2, \cdots, X_n$$

母集団 　　　　　　　標本

正規標本定理から標本平均 $\overline{X}$ は $N(\mu, \sigma^2/n)$ に従うので，標準化すると $\sqrt{n}(\overline{X} - \mu)/\sigma$ は $N(0,1)$ に従う．標本分散 S_{n-1}^2 は，$(n-1)S_{n-1}^2/\sigma^2$ が自由度 $(n-1)$ の χ^2 分布に従う．また，正規標本定理で $\overline{X}$ と S_{n-1}^2 は互いに独立していることが示されている．変量 T を

$$T = \sqrt{n}(\overline{X} - \mu)/S_{n-1}$$

とすると，これは自由度 $(n-1)$ の t 分布 $t(n-1)$ に従うことが t 分布の定義から分かる．前記の (11.1) の既知 σ_0 のかわりに未知 σ の推定量 S_{n-1} を代入したものとなっている．S_{n-1} は確率変数でいろいろな値を持つので T は Z の従う標準正規分布より分布のすそが重い t 分布に従うことになる．そこで自由度 $(n-1)$ の t 分布の上側 $100 \times \alpha$%点を $t(n-1, \alpha)$ で表せば，Z の場合と同様に

$$1 - \alpha = P(|T| \le t(n-1, \alpha/2))$$

となる．上式の右かっこ内を μ について解くと，

$$1 - \alpha = P\left(\overline{X} - t(n-1, \alpha/2)\frac{S_{n-1}}{\sqrt{n}} \le \mu \le \overline{X} + t(n-1, \alpha/2)\frac{S_{n-1}}{\sqrt{n}}\right)$$

と求まるので信頼度の上側，下側信頼限界 $\hat{\mu}_1, \hat{\mu}_2$ が

$$\hat{\mu}_1 = \overline{X} - t(n-1, \alpha/2)S_{n-1}/\sqrt{n},$$
$$\hat{\mu}_2 = \overline{X} + t(n-1, \alpha/2)S_{n-1}/\sqrt{n}$$

と求まる．例 11.1 では未知分散 σ^2 が標本分散 $s_{n-1}^2 = (4.1)^2 \text{mm}^2$ で推定され，信頼率 95%とすると巻末の t 分布表から，$t(24, 0.025) = 2.064$ であるので

$$\hat{\mu}_1 = 101.3 - 2.064 \times 4.1/\sqrt{25} = 99.6,$$
$$\hat{\mu}_2 = 101.3 + 2.064 \times 4.1/\sqrt{25} = 103.0$$

となり，[99.6,103.0](mm) は分散既知の場合 [99.7,102.9](mm) より少し広がっている．

例題 11.2

例 11.1 で分散未知とする．標本数 n が 16 のときに平均値が 101.3mm，標本分散 $s_{n-1}^2 = (4.1)^2\text{mm}^2$ と同じ値が求まったとする．このときの信頼区間を求めよ．逆に信頼区間幅が 2mm 以内となるように標本数 n を推定せよ．

(解答) 分散未知正規母集団の平均母数の 95%信頼区間は公式から $t(15, 0.025) = 2.131$ を用いて

$$\hat{\mu}_1 = 101.3 - 2.064 \times 4.1/\sqrt{16} = 99.1,$$
$$\hat{\mu}_2 = 101.3 + 2.064 \times 4.1/\sqrt{16} = 103.5$$

となり，標本数 n が 25 のときの 95%信頼区間 [99.6, 103.0] より精度が悪いため広い．標本数 n のときの 95%信頼区間の幅は $t(64, 0.025) = 2.000$ で近似して

$$2 \times 2.064 \times 4.1/\sqrt{n} = 16.4/\sqrt{n}$$

で与えられる．これを 2 以内とする最小の整数 n について解くと $n = 67$ と求まる．分散既知の場合の $n = 65$ に比べ，分散の情報がない分を標本数を多くすることでカバーしていることになる．

11.4 出現確率 p の区間推定

それではコイン投げの場合に表の出現確率 p の区間推定を導出しよう．

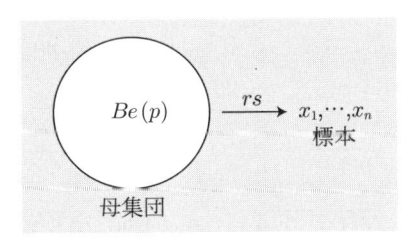

未知母数 p の推定量は

$$\hat{p} = \overline{X} = W_n/n$$

を用いたが，W_n は 2 項分布に従う．中心極限定理により漸近的に W_n が平均 np，分散 $np(1-p)$ の正規分布に従うことより，標本の大きさ n が大きければ（通常 20 程度）$\hat{p}$ は近似的に正規分布 $N(p, p(1-p)/n)$ に従うと見なせるので

標準化変量

$$Z = \frac{\hat{p} - p}{\sqrt{p(1-p)/n}} \tag{11.3}$$

は近似的に標準正規分布 $N(0,1)$ に従う．このことから $N(0,1)$ の上側 $100 \times (\alpha/2)\%$点 $z_{\alpha/2}$ を用いて

$$1 - \alpha \fallingdotseq P(|Z| \leq z_{\alpha/2})$$

となる．この Z に (11.3) を代入して p について整理すると

$$1 - \alpha \fallingdotseq P\left(\hat{p} - z_{\alpha/2}\sqrt{p(1-p)/n} \leq p \leq \hat{p} + z_{\alpha/2}\sqrt{p(1-p)/n}\right)$$

となる．$p(1-p)$ を $\hat{p}(1-\hat{p})$ で近似して

$$1 - \alpha \fallingdotseq P\left(\hat{p} - z_{\alpha/2}\sqrt{\hat{p}(1-\hat{p})/n} \leq p \leq \hat{p} + z_{\alpha/2}\sqrt{\hat{p}(1-\hat{p})/n}\right)$$

が求まる．

$$\hat{p}_1 = \hat{p} - z_{\alpha/2}\sqrt{\hat{p}(1-\hat{p})/n},$$
$$\hat{p}_2 = \hat{p} + z_{\alpha/2}\sqrt{\hat{p}(1-\hat{p})/n}$$

とおけば

$$1 - \alpha \fallingdotseq P\left(\hat{p}_1 \leq p \leq \hat{p}_2\right)$$

が成立し，信頼係数 $1-\alpha$ の信頼区間 $[\hat{p}_1, \hat{p}_2]$ が構成できた．今コイン投げを 30 回行い 18 回表がでたとする．このとき，$n = 30, \hat{p} = 18/30 = 0.6$ となる．信頼率 95%の信頼区間は $z_{0.025} = 1.96$ を用いて

$$\hat{p}_1 = \hat{p} - z_{\alpha/2}\sqrt{\hat{p}(1-\hat{p})/n} = 0.6 - 1.96\sqrt{0.6 \times 0.4/30} = 0.42,$$
$$\hat{p}_2 = \hat{p} + z_{\alpha/2}\sqrt{\hat{p}(1-\hat{p})/n} = 0.6 + 1.96\sqrt{0.6 \times 0.4/30} = 0.78$$

と計算され，p の信頼率 95%の信頼区間は [0.42, 0.78] となる．

例題 11.3

コイン投げを 120 回行い 72 回表がでたとすると $\hat{p} = 72/120 = 0.6$ となり上の例と p の推定値は変わらない．信頼率 95% の信頼区間を求め比較せよ．

[解答] p の 95%信頼区間の (11.4) から

$$\hat{p}_1 = \hat{p} - z_{\alpha/2}\sqrt{\hat{p}(1-\hat{p})/n} = 0.6 - 1.96\sqrt{0.6 \times 0.4/120} = 0.51,$$
$$\hat{p}_2 = \hat{p} + z_{\alpha/2}\sqrt{\hat{p}(1-\hat{p})/n} = 0.6 + 1.96\sqrt{0.6 \times 0.4/120} = 0.69$$

と近似される．標本数 30 に比べて 120 と 4 倍大きいために推定精度が上がり，区間幅が狭くなった．

練習問題

11.1 ある工場で缶入り清涼飲料水を生産している．試用品 20 本の重さを量ったところ，

199.4	197.9	200.4	197.2	200.5
200.3	203.5	199.5	198.1	199.6
200.0	201.2	202.7	201.4	198.2
198.3	198.1	198.6	201.5	201.5 (g)

となった．重量の分布が分散既知 $\sigma^2 = (1.7)^2 (\mathrm{g}^2)$ の正規分布に従うとして平均重量 $\mu(\mathrm{g})$ の点推定値，信頼率 95%の信頼区間を求めよ．

11.2 問題 11.1 で重量の分布が分散未知の正規分布に従うとして平均重量 $\mu(\mathrm{g})$ の点推定値，信頼率 95%の信頼区間を求めよ．

11.3 ある野球選手は 50 試合 200 打席で 53 本のヒットを記録した．このとき打率の信頼率 95%の信頼区間を求めよ．

11.4 打率 2 割 5 分前後の野球選手を 1 シーズンの成績で打率の信頼率 95%の信頼区間幅が 2%以内にするには，何打席以上の打席数が必要か．

第12章

検　定　法

コインが歪んでいないか判断したい．これは表のでる確率を推定するのではなく，その確率が1/2か否か判断することである．このための合理的判定ルールが検定法である．

12.1　標本に基づく判断

再びコイン投げを考える．コインを10回投げたところ，9回表がでた．この結果から，このコインは歪んでいると判断してよいか考えよう．すなわち表のでる確率が1/2でないと判定できるか否かである．10回のうち9回も表がでたのだから，歪んでいると考えるのが常識だと思うだろう．それでは，この常識の判断にいたる思考過程を整理しよう．

コイン投げの結果はベルヌーイ試行なので，母集団と無作為抽出標本の関係を図示すると

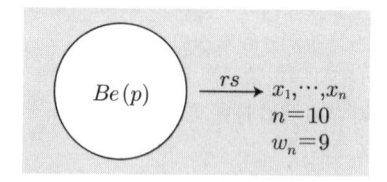

$$Be(p) \xrightarrow{rs} x_1,\cdots,x_n \quad n=10 \quad w_n=9$$

となる．真値 p の点推定値は

$$\hat{p} = \frac{w_n}{n} = \frac{9}{10} = 0.9$$

である．

今調べたい仮説は $p=1/2(=p_0)$ なので，この値 $p_0 = 0.5$ と真値 p を比べたいが，真値 p は未知なのだから，その推定値 $\hat{p} = 0.9$ と比べその差

$$|\hat{p} - p_0| = |0.9 - 0.5| = 0.4$$

が「大きい」ので仮説 $p = p_0 = 0.5$ は誤りと判定したのだろう．ここで問題がある．

- 「大きい」をどう決めるのか？
- 真値 p は未知で 0.5 かもしれないし，そうでないかもしれない．

このとき $p = 0.5$ でもその確率は小さいが偶然から $|\hat{p} - 1/2|$ が「大きく」なることがある．歪みのないコインでも 10 回投げて 9 回表になることは小さな確率 $10 \cdot (0.5)^{10} \fallingdotseq 0.0098$ で起こることをすでに p.107 の表で知っている．

一方で $p \neq 0.5$ でも，その確率は小さいが偶然から $|\hat{p} - 0.5|$ が「大きくならない」ことがある．歪んだコイン $p = 0.1$ でも 10 回投げて 5 回表になることが小さな確率 ${}_{10}C_5 \cdot (0.1)^5 (0.9)^5 = 0.0015$ で起こることも p.107 の表で知っている．これらの場合は誤った判定をしたことになる．

このように確率的な現象を扱う場合にデータを用いて，できるだけ誤判断を減らす合理的な判定ルールを与えるのが検定法である．誤判断を行う確率を 0 にはできないことに注意しよう．

12.2 統計的検定法

以上の理論を，統計的検定法として整理する．まず**統計的仮説**である．コインが歪んでいるか否かをチェックするために，コインが歪んでいないという仮説が否定され，コインが歪んでいるという仮説が採択できるか判定することを考える．前者の仮説を無に返す仮説ということから**帰無仮説**，後者をそれに対する仮説なので**対立仮説**と呼ぶ．記号では H_0, H_1 をよく用いる．

統計的仮説

 帰無仮説　$H_0 : p = p_0 (= 0.5)$
 対立仮説　$H_1 : p \neq p_0$

検定ルールは $|\hat{p} - p_0|$ の大きさを調べて歪みを判定することから，**棄却限界値** c と比べて

検定ルール

$$\begin{cases} |\hat{p}-p_0| \geq c & \to \quad H_0 \text{を捨て} H_1 \text{をとる} \\ |\hat{p}-p_0| < c & \to \quad H_0 \text{を捨てない} \end{cases} \quad (12.1)$$

となる．

$|\hat{p}-p_0|$ が大きいときは積極的に対立仮説 $H_1 : p \neq 0.5$ を採択するが，$|\hat{p}-p_0|$ が小さいときは積極的には帰無仮説 $H_0 : p = 0.5$ を採択せず，消極的に $H_0 : p = 0.5$ は捨てないと判定するのは次の理由による．今 10 回中表が 6 回でたとすると $\hat{p}=0.6$ となり $|\hat{p}-0.5|=0.1$ と小さいが，$p=0.5$ が正しいと積極的に採択できない．もしも真値 p が $p=0.6$ であれば，このときの方が $\hat{p}=0.6$ となることがもっともらしいからである．そのため，$|\hat{p}-0.5|$ が小さいとき帰無仮説 $H_0 : p = 0.5$ は捨てられないという消極的な判断が妥当なところである．

さてこの検定ルールで，信頼区間のときと同様にくり返し検定を実行したときを考えよう．このとき検定ルールが行う誤判断は次の 2 種類がある．

	H_0 が真	H_1 が真
H_0 を捨てない	○	× 第 II 種
H_1 をとる	× 第 I 種	○

第 I 種の誤りを行う確率は，H_0 が真にもかかわらず標本実現値から検定ルールが，H_0 を捨て H_1 をとる確率である．この確率を α と置けば，

$$\alpha = P(|\hat{p}-p_0| \geq c | H_0)$$

となる．$\{\ \}$ 中の $|H_0$ は「H_0 が真である条件の下で」を表している．α を検定ルールの**有意水準**と呼ぶ．

第 II 種の誤りを行う確率は，H_1 が真にもかかわらず，標本実現値から検定ルールが H_0 を捨てない確率なのでこれを β と置けば

$$\beta = P(|\hat{p}-p_0| < c | H_1)$$

となる．β は真値 p の関数となるが，これを**ベータ確率**と呼び，第 II 種の誤りの確率となる．$1-\beta$ は

$$1-\beta = P(|\hat{p}-p_0| \geq c | H_1)$$

となり，H_1 が真のとき検定ルールが H_1 をとる正しい判定をする確率となる．これを検定ルールの**検出力**といい，各検定ルールのよさの基準として用いられる．

よい検定ルールは，誤判断する確率 (α, β) が小さいものといえるが，α を小さくすると H_0 の棄却限界 c が大きくなり，β が大きくなる．逆に α を大きくすると棄却限界 c が小さくなり，β が小さくなる．検定では帰無仮説 H_0 が捨てられるかの判断に焦点があるので，第 I 種の誤りの基準，有意水準 α の大きさを決めることを優先する．通常は 0.05 または 0.01 を用いる．100 回繰り返し検定すると 5 回程度の第 I 種の誤判断を含む検定ルール，または 100 回繰り返し検定すると 1 回程度の第 I 種の誤判断を含む検定ルールで行った結果であれば，判断基準として用いてよいとの社会的合意の値が，0.05, 0.01 である．検定ルールで観測値から H_0 が捨てられ H_1 をとるとの結果が得られたとき検定結果は有意であるという．

例題 12.1

コイン投げの表のでる確率 p の検定において n 回中の表のでた回数を x，帰無仮説 $H_0 : p = p_0$ の下での表のでる期待値 np_0 との差を考えた検定ルール

$$\begin{cases} |x-np_0| \geq d & \rightarrow \quad H_0 \text{を捨て } H_1 \text{をとる} \\ |x-np_0| < d & \rightarrow \quad H_0 \text{を捨てない} \end{cases}$$

と (12.1) の検定ルールは本質的に変わらないことを示せ．

[解答] (12.1) の検定ルール $|\hat{p}-p_0| \geq c$ の両辺を n 倍すると

$$|n\hat{p}-np_0| \geq nc$$

となる．$x = n\hat{p}$ であることと，$d = nc$ と置くことで上の検定ルールが導かれる．一般に同じ検定ルールをいろいろに表現できることに注意しよう．

> **例題 12.2**
> 検定法は刑事裁判のプロセスと類似される．帰無仮説が被告無罪，対立仮説が被告有罪，そして標本が証拠に対応する．それでは2つの誤判断が刑事裁判では何に対応するか述べよ．

[解答] 第I種の誤判断：被告が無罪にもかかわらず，証拠から有罪とする冤罪に相当する．第II種の誤判断：被告が有罪にもかかわらず，証拠不十分から無罪とする見逃しに相当する．

> **例題 12.3**
> 検定法は生産者の商品出荷と消費者の商品購入プロセスと類似される．帰無仮説は商品が良品，対立仮説は商品が不良品，標本は生産者における商品チェックに対応する．チェック結果がよければ出荷，悪ければ出荷停止と判断する．このとき2つの誤判断が生産者，消費者にどのような影響がでるのか述べよ．

[解答] 第I種の誤判断：商品が良品にもかかわらず，商品チェックから不良品，出荷停止とする生産者損失に相当する．第II種の誤判断：商品が不良品にもかかわらず，商品チェックから良品，出荷とする消費者損失に相当する．

12.3　有意水準，棄却限界値とp値

棄却限界値cを決めると有意水準αが決まる．逆に有意水準αを決めると棄却限界値cが決まる．このことを10回コイン投げ9回表がでた例で示す．検定ルール（12.1）の**棄却域** $|\hat{p} - p_0| \geq c$の両辺にnを掛けると$|n\hat{p} - np_0| \geq nc$となる．$W_n = \sum_{i=1}^{n} x_i = n\hat{p}$より，上の不等式は

$$W_n \leq np_0 - nc, \quad np_0 + nc \leq W_n$$

となる．ここでは$n = 10$なのでw_nは$0, 1, \cdots, 10$の計数値をとる．H_0の棄却域として$\{0, 1, 9, 10\}$を考える．検定ルールは

$$\begin{cases} w_n \in \{0, 1, 9, 10\} & \to \quad H_0 \text{を捨て} H_1 \text{をとる} \\ w_n \notin \{0, 1, 9, 10\} & \to \quad H_0 \text{を捨てない} \end{cases}$$

となる．$np_0 = 5$ なので $nc = 4$，すなわち $c = 0.4$ と決めたことになる．例では $w_n = 9$ から，この棄却域に入っている．有意水準 α は $H_0 : p = p_0(= 1/2)$ が真のとき，W_n が二項分布 $B(n, p_0)$ に従うことを用いると

$$\begin{aligned}\alpha &= P(W_n \in \{0, 1, 9, 10\}|H_0) \\ &= p_0^0(1-p_0)^{10} + \binom{10}{1}p_0^1(1-p_0)^9 + \binom{10}{9}p_0^9(1-p_0)^1 \\ &\quad + \binom{10}{10}p_0^{10}(1-p_0)^0 \\ &= 0.00098 + 0.0098 + 0.0098 + 0.00098 \\ &= 0.022\end{aligned}$$

となる．ここに $\binom{n}{k}$ は一般 2 項係数を表す（5 章 (ii) 参照）．$c = 0.4$ とすると有意水準は 2.2% となる．有意水準 5% には足りないので，棄却域を両側に 1 つ増やして $\{0, 1, 2, 8, 9, 10\}$ とすると，今度は $c = 0.3$ となり有意水準 α は

$$\begin{aligned}\alpha &= P(W_n \in \{0, 1, 2, 8, 9, 10\}|H_0) \\ &= 0.022 + \binom{10}{2}p_0^2(1-p_0)^8 + \binom{10}{8}p_0^8(1-p_0)^2 \\ &= 0.022 + 0.044 \times 2 \\ &= 0.11\end{aligned}$$

となり 11% となって有意水準 5% を超えてしまう．W_n のようにデータが計数値（離散データ）をとる場合は，α 値が飛び飛びの不連続量となるので 0.05 きっかりにはできない．これらの場合は 0.05 以下の有意水準を保証する棄却限界点 c が 0.4 となるという．

逆に観測データ $w_n = 9$ が与えられたときに，この値 $w_n = 9$ を棄却限界とする棄却域 $\{0, 1, 9, 10\}$ を構成し，このときの第 I 種の誤りの確率を計算すれば

$$P = P(W_n \in \{0, 1, 9, 10\}|H_0) = 0.022$$

となる．この値を **P 値**と呼び，この場合は 0.022 (2.2%) なので，有意水準 5% より小さく，5%検定ルールを用いれば H_0 を捨て H_1 をとるとの結果が導かれる．

10 回中すべて表となる観測値が得られたときは $w_n = 10$ なので，棄却域は

$\{0, 10\}$ となり，P 値は

$$P = P(W_n \in \{0, 10\}|H_0) = 0.00098 \times 2 = 0.00196$$

0.2%となり，有意水準 1%より小さく，1%検定ルールを用いたとき検定結果は有意となる．H_0 を捨て H_1 を，すなわちコインは歪んでいるとの判断になる．

例題 12.4

10 回コイン投げの 5%検定ルール（精密には 2.2%検定）

$$\begin{cases} w_n \in \{0, 1, 9, 10\} & \to \quad H_0\text{を捨て}H_1\text{をとる} \\ w_n \notin \{0, 1, 9, 10\} & \to \quad H_0\text{を捨てない} \end{cases}$$

の第 II 種の誤りの確率 β を求めよう．今真実が $H_1 : p \neq 1/2$ で具体的に $p = 1/3$ であるとする．このときの確率 β を求めよ．また $p = 1/4$ であるときの確率 β を求めよ．

[解答] 第 II 種の誤りの確率 β の定義から

$$\beta = P(W_n \notin \{0, 1, 9, 10\}|H_1 : p = 1/3)$$
$$= 1 - P(W_n \in \{0, 1, 9, 10\}|H_1 : p = 1/3)$$
$$= 1 - \binom{10}{0}\left(\frac{1}{3}\right)^0\left(\frac{2}{3}\right)^{10} - \binom{10}{1}\left(\frac{1}{3}\right)^1\left(\frac{2}{3}\right)^9 - \binom{10}{9}\left(\frac{1}{3}\right)^9\left(\frac{2}{3}\right)^1$$
$$\quad - \binom{10}{10}\left(\frac{1}{3}\right)^{10}\left(\frac{2}{3}\right)^0$$
$$\fallingdotseq 0.896$$

となる．また同様にして $p = 1/4$ のときも

$$\beta = P(W_n \notin \{0, 1, 9, 10\}|H_1 : p = 1/4)$$
$$= 1 - P(W_n \in \{0, 1, 9, 10\}|H_1 : p = 1/4)$$
$$= 1 - \binom{10}{0}\left(\frac{1}{4}\right)^0\left(\frac{3}{4}\right)^{10} - \binom{10}{1}\left(\frac{1}{4}\right)^1\left(\frac{3}{4}\right)^9 - \binom{10}{9}\left(\frac{1}{4}\right)^9\left(\frac{3}{4}\right)^1$$
$$\quad - \binom{10}{10}\left(\frac{1}{4}\right)^{10}\left(\frac{3}{4}\right)^0$$
$$\fallingdotseq 0.756$$

となる．どちらにしろ第 II 種の誤りの確率 β は大きい．これは $p = 1/4$ が真実のときでもデータから $p = 1/2$ の仮説が捨てられない誤判断がよく起こることを示している．標本数が 10 回ではするどく $p = 1/2$ に対する判断を行うルールは構成できないことを示している．

12.4 平均 μ の u 検定

前例はコイン投げで，母集団分布がベルヌーイ試行となり，観測値が計数値，離散データであった．ここでは観測値が連続データとなる代表例，母集団分布が正規分布の場合を扱う．

例 12.1 ある工場で，3m テーブルタップ用に電源コードを切断することになった．切断機械の精度，標準偏差 $\sigma = 5$mm を考えて 3σ の巾をもたせ，平均 315mm 以上で切断するように，機械を調整したい．試用品 20 本について長さを測定したところ

318	322	316	317	315	323	316	316	317	310
317	321	324	324	316	318	321	318	308	304	(mm)

となり，標本平均 317.05mm となった．ねらいどおり平均コード長が 315mm 以上に調整できたと判断できるだろうか．

生産工程での機械切断長のバラツキは経験的に正規分布がよく適合することが知られている．そこで母集団分布に未知平均 μ，既知分散 $\sigma_0^2 = 5^2 \mathrm{(mm^2)}$ の正規分布を仮定する．ここでの母集団と標本の関係を記号表示すると以下のようになる．

$$N(\mu, \sigma_0^2) \to x_1, \cdots, x_n$$
$$\sigma_0 = 5, \quad n = 20, \quad \bar{x} = 317.05$$

電源コード長の平均が 315 以上となることを判断したいのであるから帰無仮説，対立仮説を

$$\begin{cases} H_0 : \mu = \mu_0 (= 315) \\ H_1 : \mu > \mu_0 \end{cases}$$

として，検定ルールを構成すればよい．

未知母数 μ の推定値には,標本平均 $\bar{x}$ が用いられるので,$\mu_0 = 315$ との差が大きければ μ は 315 以上と判断するのがよい.標本平均 $\bar{x}$ の標準誤差が $\sigma_0/\sqrt{n}$ と標本数に依存するので,$\bar{x}$ と μ_0 との差を標準誤差 $\sigma_0/\sqrt{n}$ で標準化した検定統計量 $U = \sqrt{n}(\overline{X} - \mu_0)/\sigma_0$,その実現値 u を用いて

$$\begin{cases} u \geq c \to H_0 を捨て H_1 をとる \\ u < c \to H_0 を捨てない \end{cases}$$

として構成しよう.さて有意水準 α は第 I 種の誤りの確率,すなわち H_0 が真にもかかわらず,検定ルールが H_0 を捨ててしまう誤りを行う確率なので

$$\alpha = P(U \geq c | H_0)$$

となる.今 $H_0 : \mu = \mu_0$ が真のとき,正規標本理論より U は標準正規分布 $N(0,1)$ に従う.標準正規分布の上側 $100\alpha\%$ 点 z_α を用いれば

$$\alpha = P(U \geq z_\alpha | H_0)$$

となる.よって棄却限界を $c = z_\alpha$ とすればよい.

有意水準を 5%とすると,$n = 20, \alpha = 0.05, \mu_0 = 315, z_\alpha = 1.645$ から検定ルールは

$$\begin{cases} \sqrt{20} \cdot (\bar{x} - 315)/5 \geq 1.645 \to H_0 を捨て H_1 をとる \\ \sqrt{20} \cdot (\bar{x} - 315)/5 < 1.645 \to H_0 を捨てない \end{cases}$$

となる.この検定ルールに標本データを適用すると

$$\sqrt{20} \cdot \frac{\bar{x} - 315}{5} = \sqrt{20} \cdot \frac{317.05 - 315}{5} = 1.83 (\geq 1.645)$$

となり有意となる.一方で,有意水準を 1%とすると $z_\alpha = 2.326$ となり検定ルールは

$$\begin{cases} \sqrt{20} \cdot (\bar{x} - 315)/5 \geq 2.326 \to H_0 を捨て H_1 をとる \\ \sqrt{20} \cdot (\bar{x} - 315)/5 < 2.326 \to H_0 を捨てない \end{cases}$$

となる.標本データを適用すると,

12.4 平均 μ の u 検定

$$\sqrt{20} \cdot \frac{\overline{x} - 315}{5} = 1.83 (< 2.326)$$

となり有意とならない．P 値を計算すれば，

$$P = P(U \geq 1.83 | H_0) \fallingdotseq 0.033$$

となることから，5% 有意であるが 1%有意にならないことが示される．5%有意であるので，切断機械の調整は平均値が 315mm 以上が満足できたと判断してもよいであろう． ▨

ここで，1%有意にならなかったことを考えよう．検定統計量の実現値 $u = \sqrt{n}(\overline{x} - \mu_0)/\sigma_0$ は標本平均と μ_0 の差が同じであれば標本数 n の平方根に比例して大きくなる．標本数が倍の $n = 40$ のときは，もし標本平均が同じ 317.05mm となれば

$$u = \sqrt{n} \frac{\overline{x} - \mu_0}{\sigma_0} = \sqrt{40} \frac{317.05 - 315}{5} = 2.59 (\geq 2.326)$$

となり有意となる．標本数が増えると，精度が上がり，$\mu = \mu_0$ との差をより感度よく検出することになるからである．逆に標本数を小さくすると $\mu = \mu_0$ との差が検出しにくくなり検定ルールでは H_0 を捨てないという判定が起こりやすくなる．このことからも積極的に H_0 を採択するために検定法を用いてはならないことがわかる．検査をいいかげんにすればするほど検定ルールの感度が悪くなり，H_0 が捨てられないからである．

ここで用いた統計的仮説は

$$\begin{cases} H_0 : \mu = \mu_0 \\ H_1 : \mu > \mu_0 \end{cases}$$

である．これに対して平均が μ_0 でないという対立仮説 $H_1 : \mu \neq \mu_0$ に対する検定ルールは

$$\begin{cases} |\sqrt{n}(\overline{x} - \mu_0)/\sigma_0| \geq c \to H_0 \text{を捨て } H_1 \text{をとる} \\ |\sqrt{n}(\overline{x} - \mu_0)/\sigma_0| < c \to H_0 \text{を捨てない} \end{cases}$$

となる．前者を片側対立仮説に対する**片側検定**，後者を両側対立仮説に対する**両側検定**と呼ぶ．検定量 U に基づく検定を **u 検定**と呼ぶことがある．

> **例題 12.5**
>
> 例 12.1 の u 検定ルールにおける第 II 種の誤りの確率 β を求める．今真実が
> $$H_1 : \mu > \mu_0 (= 315)$$
> で具体的に $\mu = 318$ であるとする．このときの確率 β を求めよ．また $\mu = 320$ であるときの確率 β を求めよ．

[解答] 第 II 種の誤りは $H_1 : \mu = 318$ が真であるにもかかわらず，データの値から検定ルールが $H_0 : \mu = 315$ を捨てない誤りであるので，その確率 β は

$$\beta = P(\sqrt{20} \cdot (\overline{X} - 315)/5 < 1.645 | H_1 : \mu = 318)$$

となる．$H_1 : \mu = 318$ の下では $\overline{X}$ は正規分布 $N(318, 5^2/20)$ に従う．上のカッコの中の不等式は

$$\sqrt{20} \cdot (\overline{X} - 318)/5 < 1.645 - \sqrt{20} \cdot 3/5 (= -1.04)$$

と書き直せて，左辺は $H_1 : \mu = 318$ の下で標準正規分布に従うので，

$$\beta = P(\sqrt{20} \cdot (\overline{X} - 318)/5 < -1.04 | H_1 : \mu = 318) = 0.149$$

となる．同様にして $H_1 : \mu = 320$ のときは

$$\beta = P(\sqrt{20} \cdot (\overline{X} - 320)/5 < -2.83 | H_1 : \mu = 320) = 0.00233$$

となる．

12.5 平均 μ の t 検定

上の例では，切断機械の精度：標準偏差 $\sigma = 5\text{mm}$ と既知で動かないとの仮定を用いた．次に切断機械の精度：標準偏差 σ が未知であるときや，切断長の調整により精度が変化する場合の扱いを考えよう．

統計的仮説

$$\begin{cases} H_0 : \mu = \mu_0 (= 3.15) \\ H_1 : \mu > \mu_0 \end{cases}$$

12.5 平均 μ の t 検定

は同じであるが,検定統計量 $U = \sqrt{n}(\overline{X} - \mu_0)/\sigma$ は使えない. σ が未知であるからである.そこで σ^2 の推定量に標本分散 S_{n-1}^2 を用いた検定統計量を

$$T = \sqrt{n}(\overline{X} - \mu_0)/S_{n-1}$$

とし,その実現値を t とする.これを用いて検定ルール

$$\begin{cases} t \geq c \to H_0 \text{を捨て } H_1 \text{をとる} \\ t < c \to H_0 \text{を捨てない} \end{cases}$$

を構成する.棄却限界値 c は有意水準 α とすると

$$\alpha = P(T \geq c | H_0)$$

で定まる.今帰無仮説 $H_0: \mu = \mu_0$ が真のとき正規標本理論から,11 章の区間推定のときと同様にして,検定統計量 T は,帰無仮説 H_0 の下で自由度 $(n-1)$ の t 分布に従う.よって自由度 $(n-1)$ の t 分布の上側 $100\alpha\%$ 点 $t(n-1, \alpha)$ を用いると,

$$\alpha = P(T \geq t(n-1, \alpha) | H_0)$$

が成立し,棄却限界値 $c = t(n-1, \alpha)$ とすればよい.

例 12.1 では, $n = 20, \mu_0 = 315, \alpha = 0.05, t(n-1, \alpha) = 1.729$ であるので有意水準検定ルールは

$$\begin{cases} \sqrt{20} \cdot (\overline{x} - 315)/s_{n-1} \geq 1.729 \to H_0 \text{を捨て } H_1 \text{をとる} \\ \sqrt{20} \cdot (\overline{x} - 315)/s_{n-1} < 1.729 \to H_0 \text{を捨てない} \end{cases}$$

となる.標本データは $\overline{x} = 317.05, s_{n-1} = 5.135$ なので

$$t = \sqrt{20} \cdot \frac{317.05 - 315}{5.135} = 1.785 (\geq 1.729)$$

となり有意となる. P 値は

$$P = P(T \geq 1.785 | H_0) \fallingdotseq 0.046$$

である.

　検定量 T に基づく検定を **t 検定**と呼ぶことがある.

> **例題 12.6**
>
> 例 12.1 の t 検定における第 II 種の誤りの確率 β を求める．今真実が
> $$H_1 : \mu > \mu_0 (= 315)$$
> で具体的に $\mu = 318$ であるとする．このときの確率 β を求めよ．

[解答] 第 II 種の誤りは $H_1 : \mu = 318$ が真であるにもかかわらず，データの値から検定ルールが $H_0 : \mu = 315$ を捨てない誤りである．その確率 β は

$$\beta = P(\sqrt{20} \cdot (\overline{X} - 315)/S_{n-1} < 1.729 | H_1 : \mu = 318)$$

となる．$H_1 : \mu = 318$ の下で，未知標準偏差が $\sigma = 5$ を仮定できれば $\sqrt{20} \cdot (\overline{X} - 315)/S_{n-1}$ は非心度 2.68，自由度 19 の非心 t 分布に従う．非心 t 分布はこのテキストの範囲外であるが，このとき統計数値表を用いると $\beta \fallingdotseq 0.175$ と近似値が求まる．

練習問題

12.1 コイン投げで 12 回中 10 回表がでた．このデータからコインは歪んでいると判断できるか統計的検定法を用いて議論せよ．

12.2 (問題 11.1 再録) ある工場で缶入り清涼飲料水を生産している．試用品 20 本の重さを量ったところ，

199.4	197.9	200.4	197.2	200.5
200.3	203.5	199.5	198.1	199.6
200.0	201.2	202.7	201.4	198.2
198.3	198.1	198.6	201.5	201.5 (g)

となった．重量の分布が分散既知 $\sigma^2 = (1.7)^2 (\text{g}^2)$ の正規分布に従うとする．平均重量 $\mu(\text{g})$ について，

$$\text{帰無仮説 } H_0 : \mu = 198, \quad \text{対立仮説 } H_1 : \mu > 198$$

に対して，u 検定を実施せよ．

12.3 問題 12.2 で分散 σ^2 が未知なとき同じ統計的仮説に対して，t 検定を実施せよ．

参 考 書

　確率論および統計学の本は入門レベルから専門レベルまで非常にたくさん出版されている．それぞれの本に特徴があり，それゆえにどの本がよいと一概にいえない．読者のレベルに合った本がよいのはいうまでもないが，とりあえず挙げてみる．

確率論の入門書：
[1] W. フェラー：「確率論とその応用 I（上・下）」，羽島裕久，大平坦訳，紀伊国屋書店，1957.
[2] G. ブロム，L. ホルスト，D. サンデル：「確率問題ゼミ」，森真訳，シュプリンガー・フェアラーク東京，1997.
[3] P.G. ホーエル，S.C. ポート，C.J. ストーン：「確率論入門」，安田正実訳，東京図書出版，1973.

確率および統計の入門書：
[1] 森真，藤田岳彦：「確率・統計入門」，講談社サイエンティフィック，2000,
[2] 長谷川勝也：「Excel で学ぶ統計学入門　第 1 巻　確率・統計編」，技術評論社，1998.

統計学入門書：
[1] 橋本智雄：「入門　統計学」，共立出版，1996.
[2] 前園宣彦：「概説　確率統計」，サイエンス社，1999.
[3] 和田秀三：「確率統計の基礎」，サイエンス社，1985.

　本書を書くときに参考にした本のみを以下に掲げる．
(I)　確率論または統計学に関する本
[1] 竹内啓，藤野和建：「2 項分布とポアソン分布」，東京大学出版会，1981.
[2] W. フェラー：「確率論とその応用 I（上）」，羽島裕久，大平坦訳，紀伊国屋書店，1957.
[3] G. ブロム，L. ホルスト，D. サンデル：「確率問題ゼミ」，森真訳，シュプリンガー・フェアラーク東京，1997.
[4] P.G. ホーエル，S.C. ポート，C.J. ストーン：「確率論入門」，安田正実訳，

東京図書出版，1973.
- [5] 蓑谷千凰彦：「すぐ役立つ統計分布」，東京図書，1998.
- [6] C.R. ラオ：「統計的推測とその応用」，奥野忠一その他訳，東京図書，1977.
- [7] 井川満その他（編）：高等学校　新編　数学 C，数研出版，1995.
- [8] N.L.Johnson and S.Kotz(1969), Discrete distributions, John Wiley & Sons, New York, 1969.
- [9] W.R.Pestman:「Mathematical Statistics」,Walter de Gruyter, New York, 1991.
- [10] V. K. Rohatgi:「Introduction to Probability and Mathematical Statistics」, John Wiley & Sons, London, 1976.
- [11] 日本規格協会編：統計数値表　JSA-1972，日本規格協会，1972.

(II)　確率論または統計学の演習本
- [1] 河田敬義，丸山文行，鍋谷清治:「大学演習　数理統計」，裳華房，1980
- [2] E.E.Bassett and et. al: Statistics-Problem and solutions-, World Scientific, Singaporre, 2000.

(III)　母関数に関する本としては
- [1] C.L. リウ：「組合せ数学入門」，伊理正夫，伊理由美訳，共立出版，1977.
- [2] C. ベルジュ：「組合せ論の基礎」，野崎昭弘訳，サイエンス社，1973.

(IV)　例のみを引用させていただいた本/論文
- [1] L.F.Richardson(1944), The distribution of wars in time, J.Roy. Statist.Soc.179,242-250.
- [2] R.S.Sokal and F.J.Rohlf(1995), Biometry: The principles and practice of statistics in biological research(3rd ed.), New York: W. H. Freeman.

(V)　統計学の歴史の本としては
- [1] N.L.Johnson and S.Kotz: Leading personalities in statistical science, John Wiley & Sons, New York, 1997.
- [2] S.M.Stigler(1986), The history of statistics: The mesurement of uncertainty before 1900, The Belkenap Press of Harvard University Press, Cambridge Massachusetts.

練習問題の解答

第1章

1.1 事象 $\{(H,T),(T,T)\}$ は 2 回目に 2 の目がでるという結果を表す．2 回中少なくとも 1 回裏がでるという結果は $\{(H,T),(T,H),(T,T)\}$（または $\{(H,H)\}^c$）で表される．

1.2 $P(A \cap B) = P(\{w_2, w_3\}) = P(\{w_2\} \cup \{w_3\}) = P(\{w_2\}) + P(\{w_3\}) = 1/6 + 1/6 = 1/3$. $P(A \cap C) = P(\emptyset) = 0$. $P(A \cup C) = P(\Omega) = 1$.

1.3 確率の基本公式 (3) より，$P(A \cap B) = P(A) + P(B) - P(A \cup B) = 0.7 + 0.7 - 1 = 0.4$.

1.4 確率の基本公式 (3) より，$P(B) = P(A \cap B) + P(A \cup B) - P(A) = 1/2 + 1/4 - 1/3 = 5/12$.

1.5 $(\cap_{i=1}^n A_i)^c = \cup_{i=1}^n A_i^c$ と確率の基本公式 (5) より $P(\cap_{i=1}^n A_i) = 1 - P(\cup_{i=1}^n A_i^c)$ となる．一方，ブールの不等式 (例題 1.6 参照) より，$P(\cup_{i=1}^n A_i^c) \leq \sum_{i=1}^n P(A_i^c)$. これと前述の等式より，$P(\cap_{i=1}^n A_i) \geq 1 - \sum_{i=1}^n P(A_i^c)$.

1.6 $n=2$ のとき，確率の基本公式 (3) より，$P(A_1 \cup A_2) = P(A_1) + P(A_2) - P(A_1 \cap A_2)$. 従って $n=2$ のときは包除原理は成立する．$n=m$ のとき包除原理が成立すると仮定する．$n=m+1$ のときを考える．$\cup_{i=1}^{m+1} A_i = (\cup_{i=1}^m A_i) \cup A_{m+1}$ より

$$P\left(\bigcup_{i=1}^{m+1} A_i\right) = P\left(\left(\bigcup_{i=1}^m A_i\right) \cup A_{m+1}\right)$$
$$= P\left(\bigcup_{i=1}^m A_i\right) + P(A_{m+1}) - P\left(\left(\bigcup_{i=1}^m A_i\right) \cap A_{m+1}\right)$$
$$= P\left(\bigcup_{i=1}^m A_i\right) + P(A_{m+1}) - P\left(\bigcup_{i=1}^m (A_i \cap A_{m+1})\right).$$

これと，
$$(A_i \cap A_{m+1}) \cap (A_j \cap A_{m+1}) = A_i \cap A_j \cap A_{m+1},$$
$$(A_i \cap A_{m+1}) \cap (A_j \cap A_{m+1}) \cap (A_k \cap A_{m+1}) = A_i \cap A_j \cap A_k \cap A_{m+1}$$

となることに注意する．$P(\cup_{i=1}^m A_i)$，$P(\cup_{i=1}^m (A_i \cap A_{m+1}))$ に仮定を適用し，先ほどの注意で述べたことを利用すると $n=m+1$ のときも包除原理が成立することがわかる．以上の議論により，2 以上のすべての自然数に対して包除原理が成立する．

第2章

2.1 条件付き確率の定義より，

$$P(A_1)P(A_1|A_2)P(A_3|A_1\cap A_2)\cdots P(A_n|A_1\cap A_2\cap\cdots\cap A_{n-1})$$
$$=P(A_1)\frac{P(A_1\cap A_2)}{P(A_1)}\frac{P(A_1\cap A_2\cap A_3)}{P(A_1\cap A_2)}\cdots\frac{P(A_1\cap A_2\cap\cdots\cap A_n)}{P(A_1\cap A_2\cap\cdots\cap A_{n-1})}$$
$$=P(A_1\cap A_2\cap\cdots\cap A_{n-1}\cap A_n).$$

2.2 選ばれた人が肺ガン患者であるという事象を A，選ばれた人が検査薬に反応するという事象を B とする．求める確率は $P(A|B)$ である．題意より，$P(A) = 0.02$，$P(A^c) = 0.98$，$P(B|A) = 0.85$，$P(B|A^c) = 0.1$．ベイズの定理より，$P(A|B) = 0.02 \times 0.85/(0.02 \times 0.85 + 0.98 \times 0.1) \fallingdotseq 0.148$.

2.3 選ばれた人が男であるという事象を A，選ばれた人が色盲であるという事象を B とする．求める確率は $P(A|B)$ である．題意より，$P(A) = 0.6$，$P(A^c) = 0.4$，$P(B|A) = 0.05$，$P(B|A^c) = 0.0025$．ベイズの定理より，$P(A|B) = 0.6 \times 0.05/(0.6 \times 0.05 + 0.4 \times 0.0025) \fallingdotseq 0.968$.

2.4 選ばれた人が女であるという事象を A，選ばれた人がタバコを吸うという事象を B とする．求める確率は $P(A|B)$ である．題意より，$P(A) = 0.3$，$P(A^c) = 0.7$，$P(B|A) = 0.3$，$P(B|A^c) = 0.7$．ベイズの定理より，$P(A|B) = 0.3 \times 0.3/(0.3 \times 0.3 + 0.7 \times 0.7) \fallingdotseq 0.155$.

第 3 章

3.1 確率変数の分布関数のグラフは次のようになる．

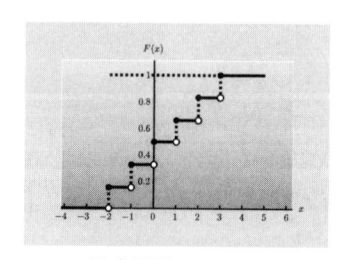

分布関数のグラフ

3.2 (1) $h(X_1, X_2, X_3)$ の取り得る値は $0, 1, 2, 3$ である．また，$h(X_1, X_2, X_3)$ は 3 回中表のでる回数を表す．$\{h(X_1, X_2, X_3) = 1\} = \{X_1 = 1, X_2 = 0, X_3 = 0\} \cup \{X_1 = 0, X_2 = 1, X_3 = 0\} \cup \{X_1 = 0, X_2 = 0, X_3 = 1\}$ だから，$P(h(X_1, X_2, X_3) = 1) = P(X_1 = 1, X_2 = 0, X_3 = 0) + P(X_1 = 0, X_2 = 1, X_3 = 0) + P(X_1 = 0, X_2 = 0, X_3 = 1)$. 一方，$P(X_1 = 1, X_2 = 0, X_3 = 0) = P(X_1 = 1)P(X_2 = 0)P(X_3 = 0) = (1/2)^3$ 同様にして，$P(X_1 = 0, X_2 = 1, X_3 = 0) = (1/2)^3$, $P(X_1 = 0, X_2 = 0, X_3 = 1) = (1/2)^3$. 従って $P(h(X_1, X_2, X_3) = 1) = 3 \times (1/2)^3 = 3/8$. 残りの場合も上と同様な議論で求めることができる．求める確率分布表は次のようになる．

練習問題の解答   151

x	0	1	2	3
$P(h(X_1, X_2, X_3) = x)$	1/8	3/8	3/8	1/8

(2) $h(X_1, X_2, X_3)$ の取り得る値は 0,1 である．$\{h(X_1, X_2, X_3) = 1\} = \{X_1 = 1, X_2 = 1, X_3 = 1\}$ だから，$P(h(X_1, X_2, X_3) = 1) = P(X_1 = 1, X_2 = 1, X_3 = 1) = P(X_1 = 1)P(X_2 = 1)P(X_3 = 1) = (1/2)^3 = 1/8$．一方，$P(h(X_1, X_2, X_3) = 0) = 1 - P(h(X_1, X_2, X_3) = 1) = 7/8$．従って，求める確率分布表は次のようになる．

x	0	1
$P(h(X_1, X_2, X_3) = x)$	7/8	1/8

第4章

4.1 $f(a) = E[(X - a)^2]$ とおく．$V[X] = E[X^2] - E[X]^2$ だから，$f(a) = a^2 - 2E[X]a + E[X^2] = a^2 - 2E[X]a + E[X]^2 + V[X] = (a - E[X])^2 + V[X]$．これより，$a = E[X]$ のとき，$f(a)$ は最小値 $V[X]$ をとる．

4.2 コーシー・シュワルツの不等式：$(\sum_{i=1}^n x_i y_i)^2 \leq \sum_{i=1}^n x_i^2 \sum_{i=1}^n y_i^2$ を利用する．簡単のため，$\mu_1 = E[X]$, $\mu_2 = E[Y]$, $p_i = P(X = x_i)$, $q_i = P(Y = y_i)$, $p_{ij} = P(X_i = 1, Y_j = y_j)$ とおく．簡単のため，2重和 $\sum_{j=1}^n \sum_{i=1}^n *$ を $\sum'' *$ で表す．コーシー・シュワルツの不等式より，

$$\mathrm{Cov}[X, Y]^2 = \left(\sum_{j=1}^n \sum_{i=1}^n p_{ij}(x_i - \mu_1)(y_j - \mu_2)\right)^2 = \left(\sum{}'' \sqrt{p_{ij}}(x_i - \mu_1)\right).$$
$$\sqrt{p_{ij}}(y_j - \mu_2))^2 \leq \sum{}'' (\sqrt{p_{ij}}(x_i - \mu_1))^2 \sum{}'' (\sqrt{p_{ij}}(y_i - \mu_2))^2.$$

この不等式と $\sum'' (\sqrt{p_{ij}}(x_i - \mu_1))^2 = V[X]$, $\sum'' (\sqrt{p_{ij}}(y_i - \mu_2))^2 = V[Y]$ より，求める不等式を得る．

4.3 (1) $E[X] = \int_0^1 x \times 2x dx = 2\int_0^1 x^2 dx = \frac{2}{3}$. $V[X] = E[X^2] - E[X]^2 = 2\int_0^1 x^3 dx - \frac{4}{9} = \frac{1}{4}$.

(2) $E[X] = \int_{-1}^0 x \times (x+1) dx + \int_0^1 x \times (-x+1) dx = 0$. $V[X] = E[X^2] - E[X]^2 = \int_{-1}^0 x^2 \times (x+1) dx + \int_0^1 x^2 \times (-x+1) dx = \frac{1}{6}$.

4.4 $H(x) = x^2$, $h(x) = 0(|x| < 1)$, $h(x) = 1(|x| \geq 1)$ とおく．すべての実数 x に対して $h(x) \leq H(x)$ が成立するから，$h(|x_i - E[X]|/\varepsilon) \leq H(|x_i - E[X]|/\varepsilon)$, $1 \leq i \leq n$. 従って，$E[h(|X - E[X]|/\varepsilon)] = \sum_{i=1}^n h(|x_i - E[X]|/\varepsilon)P(X = x_i) \leq \sum_{i=1}^n H(|x_i - E[X]|/\varepsilon)P(X = x_i) = E[H(|X - E[X]|/\varepsilon)]$. この不等式と，$E[h(|X - E[X]|/\varepsilon)] = P(|X - E[X]| \geq \varepsilon)$, $E[H(|X - E[X]|/\varepsilon)] = V[X]/\varepsilon^2$ により，チェビシェフの不等式を得る．

第5章

5.1 (1) 32/243　　(2) 80/243　　(3) 80/243　　(4) 211/243
5.2 (1) 0.05　　(2) 0.95　　(3) 0.025　　(4) 0.035
5.3 $X = X_1 + X_2 + X_3 + X_4$ とおく．正規分布の性質 (iii) より X は $N(4, 16)$ に従う．従って $Y = (X-4)/4$ は $N(0,1)$ に従う．$P(X < 8.8) = P(Y < 1.2)$ だから，求める確率は 0.61507．
5.4 データの平均は $(0 \times 223 + 1 \times 142 + 2 \times 48 + 3 \times 15 + 4 \times 1)/432 = 0.6643$ である．$Po(0.66)$ で期待回数を計算する．

戦争の回数	0	1	2	3	4 以上
期待回数	223.3	147.4	48.6	10.7	1.8

5.5 データの平均は $(0 \times 229 + 1 \times 221 + 2 \times 93 + 3 \times 35 + 4 \times 7 + 5 \times 1)/576 = 0.9462$ である．$Po(0.95)$ で期待区画数を計算する．

爆弾の個数	0	1	2	3	4	5 以上
期待区画数	222.8	211.6	100.5	31.8	7.7	1.4

5.6 $Y_1 = (X_1 - 1)/2$ とおくと Y は $N(0,1)$ に従う．従って $T = Y/\sqrt{X_2/4}$ は自由度 4 の t 分布に従う．従って $P(-0.595\sqrt{X_2} + 1 \leq X_1 \leq 0.595\sqrt{X_2} + 1) = P(-1.19 \leq T \leq 1.19) = 0.3$．
5.7 $E[X+Y] = 6$, $E[2X+1] = 9$, $V[X-3Y] = 18$

第6章

6.1 (1) $E[X^{[2]}] = E[X(X-1)] = E[X^2] - E[X]$ より，$E[X^2] = E[X^{[2]}] + E[X]$．
(2) $E[X^{[3]}] = E[X(X-1)(X-2)] = E[X^2(X-1)] - 2E[X^{[2]}] = E[X^3] - E[X^2] - 2E[X^{[2]}]$．(1) より，$E[X^3] = E[X^{[3]}] + 3E[X^{[2]}] + E[X]$．
(3) $E[X^{[4]}] = E[X(X-1)(X-2)(X-3)] = E[X^2(X-1)(X-2)] - 3E[X^{[3]}] = E[X^4] - 3E[X^3] + 2E[X^2] - 3E[X^{[3]}]$．これより，$E[X^4] = E[X^{[4]}] + 3E[X^{[3]}] + 3E[X^3] - 2E[X^2]$．(1),(2) より $E[X^4] = E[X^{[4]}] + 6E[X^{[3]}] + 7E[X^{[2]}] + E[X]$．
6.2 (1) $H_i(t) = E[(1+t)^{X_i}] = (1+t)^0(1-p) + (1+t)^1 \cdot p = 1 - p + p + pt = 1 + pt$．
(2) $H(t) = E[(1+t)^{y_1 + \cdots + X_n}] = E[(1+t)^{X_1}] \cdots E[(1+t)^{X_n}] = (1+pt)^n$．
(3) $1 \leq k \leq n$ のとき，$H^{(k)}(n) = k!\,{}_nC_k \cdot p^k(1+pt)^{n-k}$，$k > n$ のとき，$H^{(k)}(n) = 0$．
(4) X は 2 項分布 $B(n,p)$ に従うから X の取り得る値は $0, 1, \cdots, n$ である．従って $H^{(k)}(t) = d^k E[(1+t)^X]/dt^k = E[X(X-1) \cdots (X-k+1)(1+t)^{X-k}]$．これより $H^{(k)}(0) = E[X(X-1) \cdots (X-k+1)] = E[X^{[k]}]$．
(5) 問題 6.1 の (1) より $V[X] = E[X^{[2]}] + E[X]$．$E[X^{[2]}] = H''(0) = n(n-1)p^2$ より $V[X] = n(n-1)p^2 + np - (np)^2 = np - np^2 = np(1-p)$．

練習問題の解答　　　**153**

6.3 X の積率母関数は $\exp(\mu t + \sigma^2 t^2/2)$ だから $aX+b$ の積率母関数は $e^{bt}\exp(a\mu t + a^2\sigma^2 t^2/2) = \exp((a\mu+b)t + a^2\sigma^2 t^2/2)$. $aX+b$ は標準正規分布に従うから，$a\mu+b=0$, $a^2\sigma^2=1$, 故に $a=-1/\sigma$, $b=\mu/\sigma$ または $a=1/\sigma$, $b=-\mu/\sigma$.

6.4 X_i の積率母関数は $(q+pe^t)^{n_i}$ である．ただし，$q=1-p$. 定理 6.4 より $M_X(t) = (q+pe^t)^{n_1}\cdots(q+pe^t)^{n_m} = (q+pe^t)^{n_1+\cdots+n_m}$. 定理 6.1 より X は $B(\sum_{i=1}^m n_i, p)$ に従う．

6.5 X_i の積率母関数は $\exp(\lambda_i(e^t-1))$ である．定理 6.4 より $M_X(t) = \exp(\lambda_1(e^t-1))\cdots\exp(\lambda_m(e^t-1)) = \exp((\sum_{i=1}^m \lambda_i)(e^t-1))$. 定理 6.1 より X は $Po(\sum_{i=1}^m \lambda_i)$ に従う．

6.6 X の階乗積率母関数 $H(t)$ は，問題 6.2(2) より $H(t) = (1+pt)^n$. $H'(t) = np(1+pt)^{n-1}$, $H''(t) = n(n-1)p^2(1+pt)^{n-2}$, $H^{(3)}(t) = n(n-1)p^2(1+pt)^{n-2}$, $H^{(4)}(t) = n(n-1)(n-2)(n-3)p^4(1+pt)^{n-4}$ と問題 6.2(4) より，$E[X]=np$, $E[X^{[2]}] = n(n-1)p^2$, $E[X^{[3]}] = n(n-1)(n-2)p^3$, $E[X^{[4]}] = n(n-1)(n-2)(n-3)p^4$ となる．これらと問題 6.1 の結果より，$E[X^2] = n(n-1)p+np$, $E[X^3] = n(n-1)(n-2)p^3 + 3n(n-1)p^2 + np$, $E[X^4] = n(n-1)(n-2)(n-3)p^4 + 6n(n-1)(n-2)p^3 + 7n(n-1)p^2 + np$. 例題 6.1 の (2)〜(4) を使って求める結果を得る．

6.7 X の積率母関数 $M(t)$ は $M(t) = \exp(\mu t + \sigma^2 t^2/2)$ である．$h(t) = \mu t + \sigma^2 t^2/2$ とおくと，$h'(t) = \mu + \sigma t$, $h''(t) = \sigma^2$, $h^{(3)}(t) = h^{(4)}(t) = 0$. 従って，$M'(t) = h'(t)M(t)$, $M''(t) = (h'(t)^2 + \sigma^2)M(t)$, $M^{(3)}(t) = (h'(t)^3 + 3\sigma^2 h'(t))M(t)$, $M^{(4)}(t) = (h'(t)^4 + 6\sigma^2 h'(t)^2 + 3\sigma^4)M(t)$. 系 6.1 より，$E[X^2] = \mu^2 + \sigma^2$, $E[X^3] = \mu^3 + 3\mu\sigma^2$, $E[X^4] = \mu^4 + 6\mu^2\sigma^2 + 3\sigma^4$. 例題 6.1 の結果を利用すると，$E[(X-\mu)^3] = 0$, $E[(X-\mu)^4] = 3\sigma^4$. これより求める結果を得る．

第7章

7.1 $0 < \varepsilon < 1$ とする．例 7.2 と同様にして $\{|X_n - X| > \varepsilon\} = (\sqrt[n]{\varepsilon}, 1]$. 従って $P(|X_n - X| > \varepsilon) = (1 - \sqrt[n]{\varepsilon})/2 + 1/2$. $\lim_n \sqrt[n]{\varepsilon} = 1$ だから $\lim_n P(|X_n - X| > \varepsilon) = 1/2 (\neq 0)$. 故に $\lim_n X_n \neq X (\text{in } P)$.

7.2 $X \sim \chi^2(n)$ だから $E[X] = n$, $V[X] = 2n$. 従って $E[X/n] = 1$, $V[X/n] = 2/n$. $\varepsilon > 0$ とする．チェビシェフの不等式により，$P(|X/n - 1| > \varepsilon) \leq 2/(n\varepsilon^2)$. これより $\lim_n P(|X/n - 1| > \varepsilon) = 0$. 故に $\lim_n X/n = 1 (\text{in } P)$.

7.3 $Z = (X-\mu)/\sigma$ とおくと Z は $N(0,1)$ に従う．$P(|X-\mu| \geq k\sigma) = P(|Z| \geq k)$ だから，チェビシェフの不等式より，$P(|Z| \geq k) \leq 1/k^2$.

	$k=1$	$k=2$	$k=3$
$1/k^2$	1	0.25	0.111
表からの計算	0.3174	0.0456	0.0026

表から求めた値と比べてみるとチェビシェフの不等式による評価はかなり粗いことがわかる．

第 8 章

8.1 X_n は自由度 1 のカイ 2 乗分布に従うから,$E[X_n] = 1, V[X_n] = 2$ である。従って中心極限定理より,$(\sqrt{2}/\sqrt{n})^{-1}(Y_n - 1) = \sqrt{n}(Y_n - 1)/\sqrt{2}$ は漸近的に $N(0, 1)$ に従う。

8.2 X_n はガンマ分布 $G_a(\alpha, 1)$ に従うから,$E[X_n] = \alpha, V[X_n] = \alpha$ である。従って中心極限定理より,$(\sqrt{\alpha}/\sqrt{n})^{-1}(Y_n - \alpha) = \sqrt{n}(Y_n - \alpha)/\sqrt{\alpha}$ は漸近的に $N(0, 1)$ に従う。

8.3 $q = 1 - p$ とおく。ド・モアブル=ラプラスの中心極限定理により $\sqrt{n}(X_n/n - p)/\sqrt{pq}$ は漸近的に $N(0, 1)$ に従う。$h(y) = y^2$ とおけば $h(y)$ は連続関数で,その導関数 $h'(y) = 2y$ も連続である。$h'(p) = 2p \neq 0$ だから,定理 8.1(i) より
$$\frac{\sqrt{n}}{\sqrt{pq}} \cdot \frac{(X_n/n)^2 - p^2}{2p} = \sqrt{n}((X_n/n)^2 - p^2)/\sqrt{4p^3q}$$
は,漸近的に $N(0, 1)$ に従う。従って $(X_n/n)^2$ は漸近的に平均 p^2,分散 $4p^3q/n$ の正規分布に従う。

8.4 X はポアソン分布 $Po(\lambda)$ に従うから,X の積率母関数 $M_X(t)$ は $M_X(t) = \exp(\lambda(e^t - 1))$ である。従って $Y = (X - \lambda)/\sqrt{\lambda}$ の積率母関数 $M_Y(t)$ は定理 6.5 より $M_Y(t) = e^{-\sqrt{\lambda}t} \exp(\lambda(e^{t/\sqrt{\lambda}} - 1))$。指数関数 e^x のテイラー展開した式(5 章のポアソン分布参照)を用いる。$\lambda(e^{t/\sqrt{\lambda}} - 1) - \sqrt{\lambda}t = t^2/2 + K(t, \lambda)$ とかけることが導ける。ただし,固定した t に対して $\lim_{\lambda \to \infty} K(t, \lambda) = 0$ となる。従って $\lim_{\lambda \to \infty} M_Y(t) = \exp(t^2/2)$。これは標準正規分布 $N(0, 1)$ の積率母関数である。連続性の定理(定理 8.1)により,$(X - \lambda)/\sqrt{\lambda}$ は漸近的に $N(0, 1)$ に従う。

第 9 章

9.1
$$\text{Bias}[\hat{p}_4] = E\left[\frac{W_n + 2}{n + 3}\right] - p = \frac{E[W_n] + 2}{n + 3} - p = \frac{np + 2}{n + 3} - p = -\frac{3p - 2}{n + 3}$$

$$V[\hat{p}_4] = V\left[\frac{W_n + 2}{n + 3}\right] = V\left[\frac{W_n}{n + 3} + \frac{2}{n + 3}\right] = \frac{V[W_n]}{(n + 3)^2} = \frac{np(1 - p)}{(n + 3)^2}$$

$$\text{MSE}[\hat{p}_4] = \text{Bias}[\hat{p}_4]^2 + V[\hat{p}_4] = \left(-\frac{3p - 2}{n + 3}\right)^2 + \frac{np(1 - p)}{(n + 3)^2}$$

バイアスは $\hat{p}_4$ が 1 番大きく,分散は 1 番小さい。このことから平均 2 乗誤差は p が $0, 1$ の付近では $\hat{p}_4$ が 1 番大きく,0.5 付近では 1 番小さい。

9.2 正規標本定理から以下が導かれる。
$$\text{Bias}[\overline{X}] = E[\overline{X}] - \mu = \mu - \mu = 0$$
$$V[\overline{X}] = \sigma^2/n$$
$$\text{MSE}[\overline{X}] = \text{Bias}[\overline{X}]^2 + V[\overline{X}] = \sigma^2/n$$

9.3 $\overline{X}_{n+1} = \dfrac{n}{n+1}\overline{X}$ より

$$\text{Bias}[\overline{X}_{n+1}] = E[\overline{X}_{n+1}] - \mu = E\left[\dfrac{n}{n+1}\overline{X}\right] - \mu = \dfrac{n}{n+1}\mu - \mu$$
$$= -\dfrac{\mu}{n+1}$$
$$V[\overline{X}_{n+1}] = V\left[\dfrac{n}{n+1}\overline{X}\right] = \dfrac{n^2}{(n+1)^2} \cdot \dfrac{\sigma^2}{n} = \dfrac{n\sigma^2}{(n+1)^2}$$
$$\text{MSE}[\overline{X}_{n+1}] = \text{Bias}[\overline{X}_{n+1}]^2 + V[\overline{X}_{n+1}] = \left(-\dfrac{\mu}{n+1}\right)^2 + \dfrac{n\sigma^2}{(n+1)^2}$$
$$= \dfrac{\mu^2 + n\sigma^2}{(n+1)^2}$$

となる．$\overline{X}$ に比べ，$\overline{X}_{n+1}$ は負のバイアスを持ち，分散は小さく，平均2乗誤差は μ が 0 付近を除いて大きい．

第10章

10.1 ポアソン分布 $Po(\lambda)$ の母平均は λ，標本 $(x_1, x_2, \cdots, x_n)$ の標本平均は $\overline{x}$ である．よってモーメント法による λ の推定方程式は $\lambda = \overline{x}$ となり，この解 $\tilde{\lambda} = \overline{x}$ が推定値として求まる．

10.2 ポアソン分布 $Po(\lambda)$ の確率関数は $f(x : \lambda) = \dfrac{\lambda^x}{x!}e^{-\lambda}$ であることから，λ の尤度は

$$L(\lambda) = \prod_1^n f(x_i : \lambda) = \prod_1^n \dfrac{\lambda^{x_i}}{x_i!}e^{-\lambda} = \dfrac{\lambda^{\sum x_i}}{\prod x_i!}e^{-n\lambda}$$

となる．よって対数尤度関数

$$l(\lambda) = \sum x_i \log \lambda - n\lambda - \log \prod x_i!$$

から，尤度方程式

$$0 = \dfrac{\partial l(\lambda)}{\partial \lambda} = \dfrac{\sum x_i}{\lambda} - n$$

が構成される．この方程式を解くと $\lambda = \sum x_i / n = \overline{x}$ が求まる．この場合，モーメント法による推定値と同じものが得られる．

10.3 指数分布 $Ex(\lambda)$ の母平均は $1/\lambda$，標本 $(x_1, x_2, \cdots, x_n)$ の標本平均は $\overline{x}$ である．よってモーメント法による λ の推定方程式は $1/\lambda = \overline{x}$ となり，この解 $\tilde{\lambda} = 1/\overline{x}$ が推定値として求まる．

10.4 λ の尤度は

$$L(\lambda) = \prod_1^n f(x_i : \lambda) = \prod_1^n \lambda e^{-\lambda x_i} = \lambda^n e^{-\lambda \sum x_i}$$

となる．よって対数尤度関数

$$l(\lambda) = n \log \lambda - \lambda \sum x_i$$

から，尤度方程式

$$0 = \frac{\partial l(\lambda)}{\partial \lambda} = \frac{n}{\lambda} - \sum x_i$$

が構成される．この方程式を解くと $\lambda = n/\sum x_i = \overline{x}$ が求まる．この場合も，モーメント法による推定値と同じものが得られる．

第11章

11.1 点推定値は標本平均 $199.89\,(\mathrm{g})$ で与えられる．95%信頼区間は公式

$$199.885 \pm 1.96 \frac{1.7}{\sqrt{20}} = 199.14, 200.56$$

より $[199.14, 200.56]$ となる．

11.2 点推定値は問題 11.1 と同じ標本平均 $199.89\,(\mathrm{g})$ で与えられる．95%信頼区間は t 分布表から $t(19, 0.025) = 2.093$，標本標準偏差 $s_{n-1} = 1.723$ を用いて，公式から

$$199.885 \pm 2.093 \frac{1.723}{\sqrt{20}} = 199.08, 200.69$$

と計算される．

11.3 打率の点推定値 $p = 53/200 = 0.265$ より，95%信頼区間は公式より

$$0.265 \pm 1.96 \sqrt{\frac{0.265 \times 0.735}{200}} = 0.204, 0.326$$

と近似される．

11.4 公式より打席数 n，区間幅を 0.02 と置くと $2 \times 1.96 \sqrt{\dfrac{0.25 \times 0.75}{n}} = 0.02$ となる．この方程式を n について解くと $n = 7203$ となり，信頼区間幅 2% は現実的でないことが解る．

第12章

12.1 帰無仮説 $H_0 : p = 0.5$，対立仮説 $H_1 : p \neq 0.5$ に対する検定法から，観測データ $w_{12} = 10$ を棄却限界とする棄却域は $\{0, 1, 2, 10, 11, 12\}$ となる．よって P 値は

$$\begin{aligned}
P &= P(W_{12} \in \{0, 1, 2, 10, 11, 12\} | H_0) \\
&= \binom{12}{0} 0.5^{12} + \binom{12}{1} 0.5^{12} + \binom{12}{2} 0.5^{12} \\
&\quad + \binom{12}{10} 0.5^{12} + \binom{12}{11} 0.5^{12} + \binom{12}{12} 0.5^{12} \\
&= 0.0386
\end{aligned}$$

となり 5%有意となる．歪んでいると判断できる．

12.2 公式より u 検定統計量の実現値は $u = \sqrt{20}\dfrac{199.885 - 198}{1.7} = 4.959$ となり片側 5%棄却限界 1.645 より大きいので，5%有意である．平均重量は 198g より重いと判断できる．

12.3 公式より t 検定統計量の実現値は $t = \sqrt{20}\dfrac{199.885 - 198}{1.723} = 4.893$ となり片側 5%棄却限界 $t(19, 0.05) = 1.729$ より大きいので，5%有意である．平均重量は 198g より重いと判断できる．

付　　表

付表 1　2 項分布表
付表 2　ポアソン分布表
付表 3　正規分布表 (I)
付表 4　正規分布表 (II)
付表 5　カイ 2 乗分布表
付表 6　t 分布表
付表 7　F 分布表 (5%,1%)
付表 8　F 分布表 (2.5%)

出　典

　付表 1,2 は日本統計学会 10 周年記念 CD-ROM から引用した．付表 4 を除く付表 3～8 は森口繁一・日科技連数値表委員会編「新編日科技連数値表（第 4 刷）」（日科技連出版社）から引用．

付　表

付表1　2項分布の上側確率
(n と p から $P(X \geq x)$ を求める表)

$n = 10$

x \ p	0.050	0.100	0.150	0.200	0.250	0.300	0.350	0.400	0.450	0.500
1	·40126	·65132	·80313	·89263	·94369	·97175	·98654	·99395	·99747	·99902
2	·08614	·26390	·45570	·62419	·75597	·85069	·91405	·95364	·97674	·98926
3	·01150	·07019	·17980	·32220	·47441	·61722	·73839	·83271	·90044	·94531
4	·00103	·01280	·04997	·12087	·22412	·35039	·48617	·61772	·73396	·82813
5	·00006	·00163	·00987	·03279	·07813	·15027	·24850	·36690	·49560	·62305
6		·00015	·00138	·00637	·01973	·04735	·09493	·16624	·26156	·37695
7		·00001	·00013	·00086	·00351	·01059	·02602	·05476	·10199	·17188
8			·00001	·00008	·00042	·00159	·00482	·01229	·02739	·05469
9					·00003	·00014	·00054	·00168	·00450	·01074
10						·00001	·00003	·00010	·00034	·00098

$n = 14$

x \ p	0.050	0.100	0.150	0.200	0.250	0.300	0.350	0.400	0.450	0.500
1	·51233	·77123	·89723	·95602	·98218	·99322	·99760	·99922	·99977	·99994
2	·15299	·41537	·64333	·80209	·89903	·95252	·97948	·99190	·99711	·99908
3	·03005	·15836	·35209	·55195	·71887	·83916	·91607	·96021	·98299	·99353
4	·00417	·04413	·14651	·30181	·47866	·64483	·77950	·87569	·93678	·97131
5	·00043	·00923	·04674	·12984	·25847	·41580	·57728	·72074	·83281	·91022
6	·00003	·00147	·01153	·04385	·11167	·21948	·35949	·51415	·66268	·78802
7		·00018	·00221	·01161	·03827	·09328	·18359	·30755	·45388	·60474
8		·00002	·00033	·00240	·01031	·03147	·07534	·15014	·25864	·39526
9			·00004	·00038	·00215	·00829	·02434	·05832	·11886	·21198
10				·00005	·00034	·00167	·00604	·01751	·04262	·08978
11					·00004	·00025	·00111	·00391	·01143	·02869
12						·00003	·00014	·00061	·00215	·00647
13							·00001	·00006	·00025	·00092
14									·00001	·00006

$n = 18$

x \ p	0·050	0·100	0·150	0·200	0·250	0·300	0·350	0·400	0·450	0·500
1	·60279	·84991	·94635	·98199	·99436	·99837	·99957	·99990	·99998	1·00000
2	·22648	·54972	·77595	·90092	·96054	·98581	·99541	·99868	·99967	0·99993
3	·05813	·26620	·52034	·72866	·86469	·94005	·97638	·99177	·99749	0·99934
4	·01087	·09820	·27976	·49897	·69431	·83545	·92173	·96722	·98802	0·99623
5	·00155	·02819	·12056	·28365	·48133	·66735	·81138	·90583	·95893	0·98456
6	·00017	·00642	·04190	·13292	·28255	·46562	·64500	·79124	·89230	0·95187
7	·00002	·00117	·01182	·05127	·13898	·27830	·45090	·62572	·77419	0·88106
8		·00017	·00272	·01628	·05695	·14068	·27172	·43656	·60852	0·75966
9		·00002	·00051	·00425	·01935	·05959	·13906	·26316	·42215	0·59274
10			·00008	·00091	·00542	·02097	·05969	·13471	·25272	0·40726
11			·00001	·00016	·00124	·00607	·02123	·05765	·12796	0·24034
12				·00002	·00023	·00143	·00617	·02028	·05372	0·11894
13					·00003	·00027	·00144	·00575	·01829	0·04813
14						·00004	·00026	·00128	·00491	0·01544
15							·00004	·00021	·00100	0·00377
16								·00003	·00014	0·00066
17									·00001	0·00007

$n = 20$

x \ p	0·050	0·100	0·150	0·200	0·250	0·300	0·350	0·400	0·450	0·500
1	·64151	·87842	·96124	·98847	·99683	·99920	·99982	·99996	·99999	1·00000
2	·26416	·60825	·82444	·93082	·97569	·99236	·99787	·99948	·99989	0·99998
3	·07548	·32307	·59510	·79392	·90874	·96452	·98788	·99639	·99907	0·99980
4	·01590	·13295	·35227	·58855	·77484	·89291	·95562	·98404	·99507	0·99871
5	·00257	·04317	·17015	·37035	·58516	·76249	·88180	·94905	·98114	0·99409
6	·00033	·01125	·06731	·19579	·38283	·58363	·75460	·87440	·94467	0·97931
7	·00003	·00239	·02194	·08669	·21422	·39199	·58337	·74999	·87007	0·94234
8		·00042	·00592	·03214	·10181	·22773	·39897	·58411	·74799	0·86841
9		·00006	·00133	·00998	·04093	·11333	·23762	·40440	·58569	0·74828
10		·00001	·00025	·00259	·01386	·04796	·12178	·24466	·40864	0·58810
11			·00004	·00056	·00394	·01714	·05317	·12752	·24929	0·41190
12				·00010	·00094	·00514	·01958	·05653	·13076	0·25172
13				·00002	·00018	·00128	·00602	·02103	·05803	0·13159
14					·00003	·00026	·00152	·00647	·02141	0·05766
15						·00004	·00031	·00161	·00643	0·02069
16						·00001	·00005	·00032	·00153	0·00591
17							·00001	·00005	·00028	0·00129
18								·00001	·00004	0·00020
19										0·00002

$n = 30$

p\x	0·050	0·100	0·150	0·200	0·250	0·300	0·350	0·400	0·450	0·500
1	·78536	·95761	·99237	·99876	·99982	·99998	1·00000	1·00000	1·00000	1·00000
2	·44646	·81630	·95197	·98948	·99804	·99969	0·99996	1·00000	1·00000	1·00000
3	·18782	·58865	·84860	·95582	·98940	·99789	0·99965	0·99995	0·99999	1·00000
4	·06077	·35256	·67834	·87729	·96255	·99068	0·99810	0·99969	0·99996	1·00000
5	·01564	·17549	·47553	·74477	·90213	·96985	0·99248	0·99849	0·99976	0·99997
6	·00328	·07319	·28942	·57249	·79740	·92341	0·97674	0·99434	0·99891	0·99984
7	·00057	·02583	·15258	·39303	·65195	·84048	0·94143	0·98282	0·99602	0·99928
8	·00008	·00778	·06978	·23921	·48571	·71862	0·87623	0·95648	0·98790	0·99739
9	·00001	·00202	·02778	·12865	·32640	·56848	0·77530	0·90599	0·96879	0·99194
10		·00045	·00966	·06109	·19659	·41119	0·64246	0·82371	0·93059	0·97861
11		·00009	·00294	·02562	·10573	·26963	0·49224	0·70853	0·86496	0·95063
12		·00002	·00079	·00949	·05066	·15932	0·34518	0·56891	0·76731	0·89976
13			·00019	·00311	·02159	·08447	0·21979	0·42153	0·64082	0·81920
14			·00004	·00090	·00818	·04005	0·12631	0·28550	0·49752	0·70767
15			·00001	·00023	·00275	·01694	0·06519	0·17537	0·35516	0·57223
16				·00005	·00082	·00637	0·03008	0·09706	0·23091	0·42777
17				·00001	·00022	·00212	0·01236	0·04811	0·13560	0·29233
18					·00005	·00063	0·00450	0·02124	0·07139	0·18080
19					·00001	·00016	0·00145	0·00830	0·03344	0·10024
20						·00004	0·00041	0·00285	0·01384	0·04937
21						0·00001	0·00010	0·00086	0·00501	0·02139
22							0·00002	0·00022	0·00157	0·00806
23								0·00005	0·00042	0·00261
24								0·00001	0·00010	0·00072
25									0·00002	0·00016
26										0·00003

付表2 ポアソン分布の上側確率
(λ から $P(X \geq x)$ を求める表)

x \ λ	0.05	0.10	0.15	0.20	0.25	0.30	0.35	0.40	0.45	0.50
1	.04877	.09516	.13929	.18127	.22120	.25918	.29531	.32968	.36237	.39347
2	.00121	.00468	.01019	.01752	.02650	.03694	.04867	.06155	.07544	.09020
3	.00002	.00015	.00050	.00115	.00216	.00360	.00551	.00793	.01088	.01439
4				.00002	.00006	.00013	.00027	.00047	.00078	.00120	.00175
5					.00001	.00002	.00003	.00006	.00011	.00017
6									.00001	.00001

x \ λ	0.55	0.60	0.65	0.70	0.75	0.80	0.85	0.90	0.95	1.00
1	.42305	.45119	.47795	.50341	.52763	.55067	.57259	.59343	.61326	.63212
2	.10573	.12190	.13862	.15580	.17336	.19121	.20928	.22752	.24586	.26424
3	.01846	.02312	.02834	.03414	.04051	.04742	.05488	.06286	.07134	.08030
4	.00247	.00336	.00445	.00575	.00729	.00908	.01113	.01346	.01607	.01899
5	.00027	.00039	.00056	.00079	.00106	.00141	.00184	.00234	.00295	.00366
6	.00002	.00004	.00006	.00009	.00013	.00018	.00025	.00034	.00046	.00059
7			.00001	.00001	.00001	.00002	.00003	.00004	.00006	.00008
8									.00001	.00001

x \ λ	1.1	1.2	1.3	1.4	1.5	1.6	1.7	1.8	1.9	2.0
1	.66713	.69881	.72747	.75340	.77687	.79810	.81732	.83470	.85043	.86466
2	.30097	.33737	.37318	.40817	.44217	.47507	.50675	.53716	.56625	.59399
3	.09958	.12051	.14289	.16650	.19115	.21664	.24278	.26938	.29628	.32332
4	.02574	.03377	.04310	.05373	.06564	.07881	.09319	.10871	.12530	.14288
5	.00544	.00775	.01066	.01425	.01858	.02368	.02961	.03641	.04408	.05265
6	.00097	.00150	.00223	.00320	.00446	.00604	.00800	.01038	.01322	.01656
7	.00015	.00025	.00040	.00062	.00093	.00134	.00188	.00257	.00345	.00453
8	.00002	.00004	.00006	.00011	.00017	.00026	.00039	.00056	.00079	.00110
9			.00001	.00002	.00003	.00005	.00007	.00011	.00016	.00024
10						.00001	.00001	.00002	.00003	.00005
11									.00001	.00001

付　表

x \ λ	2.1	2.2	2.3	2.4	2.5	2.6	2.7	2.8	2.9
1	·87754	·88920	·89974	·90928	·91792	·92573	·93279	·93919	·94498
2	·62039	·64543	·66915	·69156	·71270	·73262	·75134	·76892	·78541
3	·35037	·37729	·40396	·43029	·45619	·48157	·50638	·53055	·55404
4	·16136	·18065	·20065	·22128	·24242	·26400	·28591	·30806	·33038
5	·06213	·07250	·08375	·09587	·10882	·12258	·13709	·15232	·16822
6	·02045	·02491	·02998	·03567	·04202	·04904	·05673	·06511	·07417
7	·00586	·00746	·00936	·01159	·01419	·01717	·02057	·02441	·02872
8	·00149	·00198	·00259	·00334	·00425	·00533	·00662	·00813	·00988
9	·00034	·00047	·00064	·00086	·00114	·00149	·00191	·00243	·00306
10	·00007	·00010	·00014	·00020	·00028	·00038	·00050	·00066	·00086
11	·00001	·00002	·00003	·00004	·00006	·00009	·00012	·00016	·00022
12			·00001	·00001	·00001	·00002	·00003	·00004	·00005
13							·00001	·00001	·00001

x \ λ	3.0	3.2	3.4	3.6	3.8	4.0	4.2	4.4	4.6
1	·95021	·95924	·96663	·97268	·97763	·98168	·98500	·98772	·98995
2	·80085	·82880	·85316	·87431	·89262	·90842	·92202	·93370	·94371
3	·57681	·62010	·66026	·69725	·73110	·76190	·78976	·81486	·83736
4	·35277	·39748	·44164	·48478	·52652	·56653	·60460	·64055	·67429
5	·18474	·21939	·25582	·29356	·33216	·37116	·41017	·44882	·48677
6	·08392	·10541	·12946	·15588	·18444	·21487	·24686	·28009	·31424
7	·03351	·04462	·05785	·07327	·09089	·11067	·13254	·15635	·18197
8	·01190	·01683	·02307	·03079	·04011	·05113	·06394	·07858	·09505
9	·00380	·00571	·00829	·01167	·01598	·02136	·02793	·03580	·04507
10	·00110	·00176	·00271	·00402	·00580	·00813	·01113	·01489	·01953
11	·00029	·00050	·00081	·00127	·00193	·00284	·00407	·00569	·00778
12	·00007	·00013	·00022	·00037	·00059	·00092	·00137	·00201	·00286
13	·00002	·00003	·00006	·00010	·00017	·00027	·00043	·00066	·00098
14		·00001	·00001	·00003	·00004	·00008	·00013	·00020	·00031
15				·00001	·00001	·00002	·00003	·00006	·00009
16							·00001	·00002	·00003
17									·00001

付　表

x\\λ	4·8	5·0	5·5	6·0	6·5	7·0	7·5	8·0	8·5
1	·99177	·99326	·99591	·99752	·99850	·99909	·99945	·99966	·99980
2	·95227	·95957	·97344	·98265	·98872	·99270	·99530	·99698	·99807
3	·85746	·87535	·91162	·93803	·95696	·97036	·97974	·98625	·99072
4	·70577	·73497	·79830	·84880	·88815	·91823	·94085	·95762	·96989
5	·52374	·55951	·64248	·71494	·77633	·82701	·86794	·90037	·92564
6	·34899	·38404	·47108	·55432	·63096	·69929	·75856	·80876	·85040
7	·20920	·23782	·31396	·39370	·47348	·55029	·62185	·68663	·74382
8	·11333	·13337	·19051	·25602	·32724	·40129	·47536	·54704	·61440
9	·05582	·06809	·10564	·15276	·20843	·27091	·33803	·40745	·47689
10	·02514	·03183	·05378	·08392	·12262	·16950	·22359	·28338	·34703
11	·01042	·01370	·02525	·04262	·06684	·09852	·13776	·18411	·23664
12	·00399	·00545	·01099	·02009	·03388	·05335	·07924	·11192	·15134
13	·00142	·00202	·00445	·00883	·01603	·02700	·04267	·06380	·09092
14	·00047	·00070	·00169	·00363	·00710	·01281	·02156	·03418	·05141
15	·00015	·00023	·00060	·00140	·00296	·00572	·01026	·01726	·02743
16	·00004	·00007	·00020	·00051	·00116	·00241	·00461	·00823	·01383
17	·00001	·00002	·00006	·00017	·00043	·00096	·00196	·00372	·00661
18		·00001	·00002	·00006	·00015	·00036	·00079	·00159	·00300
19			·00001	·00002	·00005	·00013	·00030	·00065	·00130
20				·00001	·00002	·00004	·00011	·00025	·00053
21						·00001	·00004	·00009	·00021
22							·00001	·00003	·00008
23								·00001	·00003
24									·00001

付　表

x \ λ	9.0	9.5	10.0	10.5	11.0	11.5	12.0	12.5	13.0
1	.99988	.99993	.99995	.99997	.99998	.99999	.99999	1.00000	1.00000
2	.99877	.99921	.99950	.99968	.99980	.99987	.99992	0.99995	0.99997
3	.99377	.99584	.99723	.99817	.99879	.99920	.99948	0.99966	0.99978
4	.97877	.98514	.98966	.99285	.99508	.99664	.99771	0.99845	0.99895
5	.94504	.95974	.97075	.97891	.98490	.98925	.99240	0.99465	0.99626
6	.88431	.91147	.93291	.94962	.96248	.97227	.97966	0.98518	0.98927
7	.79322	.83505	.86986	.89837	.92139	.93973	.95418	0.96543	0.97411
8	.67610	.73134	.77978	.82149	.85681	.88627	.91050	0.93017	0.94597
9	.54435	.60818	.66718	.72059	.76801	.80941	.84497	0.87508	0.90024
10	.41259	.47817	.54207	.60287	.65949	.71121	.75761	0.79857	0.83419
11	.29401	.35467	.41696	.47926	.54011	.59827	.65277	0.70293	0.74832
12	.19699	.24801	.30322	.36127	.42073	.48020	.53840	0.59424	0.64684
13	.12423	.16357	.20844	.25804	.31130	.36705	.42403	0.48102	0.53690
14	.07385	.10186	.13554	.17465	.21871	.26696	.31846	0.37216	0.42696
15	.04147	.05999	.08346	.11211	.14596	.18474	.22798	0.27497	0.32487
16	.02204	.03347	.04874	.06833	.09260	.12171	.15558	0.19397	0.23639
17	.01111	.01773	.02704	.03961	.05592	.07640	.10129	0.13069	0.16451
18	.00532	.00893	.01428	.02186	.03219	.04575	.06297	0.08416	0.10954
19	.00243	.00428	.00719	.01151	.01769	.02617	.03742	0.05185	0.06983
20	.00106	.00196	.00345	.00579	.00929	.01432	.02128	0.03059	0.04267
21	.00044	.00086	.00159	.00279	.00467	.00750	.01160	0.01731	0.02501
22	.00017	.00036	.00070	.00129	.00225	.00377	.00607	0.00940	0.01408
23	.00007	.00015	.00030	.00057	.00104	.00182	.00305	0.00491	0.00762
24	.00002	.00006	.00012	.00024	.00046	.00085	.00147	0.00246	0.00397
25	.00001	.00002	.00005	.00010	.00020	.00038	.00069	0.00119	0.00199
26		.00001	.00002	.00004	.00008	.00016	.00031	0.00056	0.00097
27			.00001	.00001	.00003	.00007	.00013	0.00025	0.00045
28				.00001	.00001	.00003	.00006	0.00011	0.00020
29						.00001	.00002	0.00005	0.00009
30							.00001	0.00002	0.00004
31								0.00001	0.00002
32									0.00001

付表 3　正規分布表 (I)

$$k \longrightarrow P = P(X \geq k) = \frac{1}{\sqrt{2\pi}} \int_k^\infty e^{-\frac{u^2}{2}} du$$

(k から P を求める表)

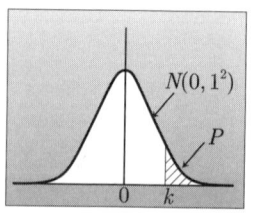

k	*=0	1	2	3	4	5	6	7	8	9
0.0*	.5000	.4960	.4920	.4880	.4840	.4801	.4761	.4721	.4681	.4641
0.1*	.4602	.4562	.4522	.4483	.4443	.4404	.4364	.4325	.4286	.4247
0.2*	.4207	.4168	.4129	.4090	.4052	.4013	.3974	.3936	.3897	.3859
0.3*	.3821	.3783	.3745	.3707	.3669	.3632	.3594	.3557	.3520	.3483
0.4*	.3446	.3409	.3372	.3336	.3300	.3264	.3228	.3192	.3156	.3121
0.5*	.3085	.3050	.3015	.2981	.2946	.2912	.2877	.2843	.2810	.2776
0.6*	.2743	.2709	.2676	.2643	.2611	.2578	.2546	.2514	.2483	.2451
0.7*	.2420	.2389	.2358	.2327	.2296	.2266	.2236	.2206	.2177	.2148
0.8*	.2119	.2090	.2061	.2033	.2005	.1977	.1949	.1922	.1894	.1867
0.9*	.1841	.1814	.1788	.1762	.1736	.1711	.1685	.1660	.1635	.1611
1.0*	.1587	.1562	.1539	.1515	.1492	.1469	.1446	.1423	.1401	.1379
1.1*	.1357	.1335	.1314	.1292	.1271	.1251	.1230	.1210	.1190	.1170
1.2*	.1151	.1131	.1112	.1093	.1075	.1056	.1038	.1020	.1003	.0985
1.3*	.0968	.0951	.0934	.0918	.0901	.0885	.0869	.0853	.0838	.0823
1.4*	.0808	.0793	.0778	.0764	.0749	.0735	.0721	.0708	.0694	.0681
1.5*	.0668	.0655	.0643	.0630	.0618	.0606	.0594	.0582	.0571	.0559
1.6*	.0548	.0537	.0526	.0516	.0505	.0495	.0485	.0475	.0465	.0455
1.7*	.0446	.0436	.0427	.0418	.0409	.0401	.0392	.0384	.0375	.0367
1.8*	.0359	.0351	.0344	.0336	.0329	.0322	.0314	.0307	.0301	.0294
1.9*	.0287	.0281	.0274	.0268	.0262	.0256	.0250	.0244	.0239	.0233
2.0*	.0228	.0222	.0217	.0212	.0207	.0202	.0197	.0192	.0188	.0183
2.1*	.0179	.0174	.0170	.0166	.0162	.0158	.0154	.0150	.0146	.0143
2.2*	.0139	.0136	.0132	.0129	.0125	.0122	.0119	.0116	.0113	.0110
2.3*	.0107	.0104	.0102	.0099	.0096	.0094	.0091	.0089	.0087	.0084
2.4*	.0082	.0080	.0078	.0075	.0073	.0071	.0069	.0068	.0066	.0064
2.5*	.0062	.0060	.0059	.0057	.0055	.0054	.0052	.0051	.0049	.0048
2.6*	.0047	.0045	.0044	.0043	.0041	.0040	.0039	.0038	.0037	.0036
2.7*	.0035	.0034	.0033	.0032	.0031	.0030	.0029	.0028	.0027	.0026
2.8*	.0026	.0025	.0024	.0023	.0023	.0022	.0021	.0021	.0020	.0019
2.9*	.0019	.0018	.0018	.0017	.0016	.0016	.0015	.0015	.0014	.0014
3.0*	.0013	.0013	.0013	.0012	.0012	.0011	.0011	.0011	.0010	.0010

付表4　正規分布表 (II)

(P から k を求める表)

P	·001	·005	·010	·025	·05	·10	·20	·30	·40
k	3·090	2·576	2·326	1·960	1·645	1·282	·842	·524	·253

付表5　カイ2乗分布表

$\chi^2(\phi, P)$

(自由度 ϕ と上側確率 P とから χ^2 を求める表)

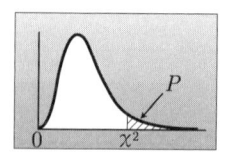

ϕ \ P	·995	·99	·975	·95	·90	·75	·50	·25	·10	·05	·025	·01	·005
1	$0.0^4 393$	$0.0^3 157$	$0.0^3 982$	$0.0^2 393$	0·0158	0·102	0·455	1·323	2·71	3·84	5·02	6·63	7·88
2	0·0100	0·0201	0·0506	0·103	0·211	0·575	1·386	2·77	4·61	5·99	7·38	9·21	10·60
3	0·0717	0·115	0·216	0·352	0·584	1·213	2·37	4·11	6·25	7·81	9·35	11·34	12·84
4	0·207	0·297	0·484	0·711	1·064	1·923	3·36	5·39	7·78	9·49	11·14	13·28	14·86
5	0·412	0·554	0·831	1·145	1·610	2·67	4·35	6·63	9·24	11·07	12·83	15·09	16·75
6	0·676	0·872	1·237	1·635	2·20	3·45	5·35	7·84	10·64	12·59	14·45	16·81	18·55
7	0·989	1·239	1·690	2·17	2·83	4·25	6·35	9·04	12·02	14·07	16·01	18·48	20·3
8	1·344	1·646	2·18	2·73	3·49	5·07	7·34	10·22	13·36	15·51	17·53	20·1	22·0
9	1·735	2·09	2·70	3·33	4·17	5·90	8·34	11·39	14·68	16·92	19·02	21·7	23·6
10	2·16	2·56	3·25	3·94	4·87	6·74	9·34	12·55	15·99	18·31	20·5	23·2	25·2
11	2·60	3·05	3·82	4·57	5·58	7·58	10·34	13·70	17·28	19·68	21·9	24·7	26·8
12	3·07	3·57	4·40	5·23	6·30	8·44	11·34	14·85	18·55	21·0	23·3	26·2	28·3
13	3·57	4·11	5·01	5·89	7·04	9·30	12·34	15·98	19·81	22·4	24·7	27·7	29·8
14	4·07	4·66	5·63	6·57	7·79	10·17	13·34	17·12	21·1	23·7	26·1	29·1	31·3
15	4·60	5·23	6·26	7·26	8·55	11·04	14·34	18·25	22·3	25·0	27·5	30·6	32·8
16	5·14	5·81	6·91	7·96	9·31	11·91	15·34	19·37	23·5	26·3	28·8	32·0	34·3
17	5·70	6·41	7·56	8·67	10·09	12·79	16·34	20·5	24·8	27·6	30·2	33·4	35·7
18	6·26	7·01	8·23	9·39	10·86	13·68	17·34	21·6	26·0	28·9	31·5	34·8	37·2
19	6·84	7·63	8·91	10·12	11·65	14·56	18·34	22·7	27·2	30·1	32·9	36·2	38·6
20	7·43	8·26	9·59	10·85	12·44	15·45	19·34	23·8	28·4	31·4	34·2	37·6	40·0
21	8·03	8·90	10·28	11·59	13·24	16·34	20·3	24·9	29·6	32·7	35·5	38·9	41·4
22	8·64	9·54	10·98	12·34	14·04	17·24	21·3	26·0	30·8	33·9	36·8	40·3	42·8
23	9·26	10·20	11·69	13·09	14·85	18·14	22·3	27·1	32·0	35·2	38·1	41·6	44·2
24	9·89	10·86	12·40	13·85	15·66	19·04	23·3	28·2	33·2	36·4	39·4	43·0	45·6
25	10·52	11·52	13·12	14·61	16·47	19·94	24·3	29·3	34·4	37·7	40·6	44·3	46·9
26	11·16	12·20	13·84	15·38	17·29	20·8	25·3	30·4	35·6	38·9	41·9	45·6	48·3
27	11·81	12·88	14·57	16·15	18·11	21·7	26·3	31·5	36·7	40·1	43·2	47·0	49·6
28	12·46	13·56	15·31	16·93	18·94	22·7	27·3	32·6	37·9	41·3	44·5	48·3	51·0
29	13·12	14·26	16·05	17·71	19·77	23·6	28·3	33·7	39·1	42·6	45·7	49·6	52·3
30	13·79	14·95	16·79	18·49	20·6	24·5	29·3	34·8	40·3	43·8	47·0	50·9	53·7
40	20·7	22·2	24·4	26·5	29·1	33·7	39·3	45·6	51·8	55·8	59·3	63·7	66·8
50	28·0	29·7	32·4	34·8	37·7	42·9	49·3	56·3	63·2	67·5	71·4	76·2	79·5
60	35·5	37·5	40·5	43·2	46·5	52·3	59·3	67·0	74·4	79·1	83·3	88·4	92·0
70	43·3	45·4	48·8	51·7	55·3	61·7	69·3	77·6	85·5	90·5	95·0	100·4	104·2
80	51·2	53·5	57·2	60·4	64·3	71·1	79·3	88·1	96·6	101·9	106·6	112·3	116·3
90	59·2	61·8	65·6	69·1	73·3	80·6	89·3	98·6	107·6	113·1	118·1	124·1	128·3
100	67·3	70·1	74·2	77·9	82·4	90·1	99·3	109·1	118·5	124·3	129·6	135·8	140·2

付　表

付表6　t 表

$t(\phi, P)$

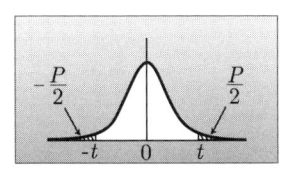

$\begin{pmatrix} \text{自由度 } \phi \text{ と両側確率 } P \\ \text{とから } t \text{ を求める表} \end{pmatrix}$

ϕ \ P	0.5	0.40	0.30	0.20	0.10	0.05	0.02	0.01	0.001
1	1.000	1.376	1.963	3.078	6.314	12.706	31.821	63.657	636.619
2	0.816	1.061	1.386	1.886	2.920	4.303	6.965	9.925	31.599
3	0.765	0.978	1.250	1.638	2.353	3.182	4.541	5.841	12.924
4	0.741	0.941	1.190	1.533	2.132	2.776	3.747	4.604	8.610
5	0.727	0.920	1.156	1.476	2.015	2.571	3.365	4.032	6.869
6	0.718	0.906	1.134	1.440	1.943	2.447	3.143	3.707	5.959
7	0.711	0.896	1.119	1.415	1.895	2.365	2.998	3.499	5.408
8	0.706	0.889	1.108	1.397	1.860	2.306	2.896	3.355	5.041
9	0.703	0.883	1.100	1.383	1.833	2.262	2.821	3.250	4.781
10	0.700	0.879	1.093	1.372	1.812	2.228	2.764	3.169	4.587
11	0.697	0.876	1.088	1.363	1.796	2.201	2.718	3.106	4.437
12	0.695	0.873	1.083	1.356	1.782	2.179	2.681	3.055	4.318
13	0.694	0.870	1.079	1.350	1.771	2.160	2.650	3.012	4.221
14	0.692	0.868	1.076	1.345	1.761	2.145	2.624	2.977	4.140
15	0.691	0.866	1.074	1.341	1.753	2.131	2.602	2.947	4.073
16	0.690	0.865	1.071	1.337	1.746	2.120	2.583	2.921	4.015
17	0.689	0.863	1.069	1.333	1.740	2.110	2.567	2.898	3.965
18	0.688	0.862	1.067	1.330	1.734	2.101	2.552	2.878	3.922
19	0.688	0.861	1.066	1.328	1.729	2.093	2.539	2.861	3.883
20	0.687	0.860	1.064	1.325	1.725	2.086	2.528	2.845	3.850
21	0.686	0.859	1.063	1.323	1.721	2.080	2.518	2.831	3.819
22	0.686	0.858	1.061	1.321	1.717	2.074	2.508	2.819	3.792
23	0.685	0.858	1.060	1.319	1.714	2.069	2.500	2.807	3.768
24	0.685	0.857	1.059	1.318	1.711	2.064	2.492	2.797	3.745
25	0.684	0.856	1.058	1.316	1.708	2.060	2.485	2.787	3.725
26	0.684	0.856	1.058	1.315	1.706	2.056	2.479	2.779	3.707
27	0.684	0.855	1.057	1.314	1.703	2.052	2.473	2.771	3.690
28	0.683	0.855	1.056	1.313	1.701	2.048	2.467	2.763	3.674
29	0.683	0.854	1.055	1.311	1.699	2.045	2.462	2.756	3.659
30	0.683	0.854	1.055	1.310	1.697	2.042	2.457	2.750	3.646
40	0.681	0.851	1.050	1.303	1.684	2.021	2.423	2.704	3.551
60	0.679	0.848	1.045	1.296	1.671	2.000	2.390	2.660	3.460
120	0.677	0.845	1.041	1.289	1.658	1.980	2.358	2.617	3.373
∞	0.674	0.842	1.036	1.282	1.645	1.960	2.326	2.576	3.291

付表7　　　F 表 (5%, 1%)

$$P = \begin{cases} 0.05 \cdots \text{細字} \\ 0.01 \cdots \textbf{太字} \end{cases}$$

$F(\phi_1, \phi_2 ; P)$

(分子の自由度 ϕ_1, 分母の自由度 ϕ_2 から, 上側確率 5%および 1%に対する F の値を求める表)
(細字は 5%, **太字は 1%**)

ϕ_2 \ ϕ_1	1	2	3	4	5	6	7	8	9	10	12	15	20	24	30	40	60	120	∞
1	161· **4052·**	200· **5000·**	216· **5403·**	225· **5625·**	230· **5764·**	234· **5859·**	237· **5928·**	239· **5981·**	241· **6022·**	242· **6056·**	244· **6106·**	246· **6157·**	248· **6209·**	249· **6235·**	250· **6261·**	251· **6287·**	252· **6313·**	253· **6339·**	254· **6366·**
2	18·5 **98·5**	19·0 **99·0**	19·2 **99·2**	19·2 **99·2**	19·3 **99·3**	19·3 **99·3**	19·4 **99·4**	19·4 **99·4**	19·4 **99·4**	19·4 **99·4**	19·4 **99·4**	19·4 **99·4**	19·4 **99·4**	19·5 **99·5**	19·5 **99·5**	19·5 **99·5**	19·5 **99·5**	19·5 **99·5**	19·5 **99·5**
3	10·1 **34·1**	9·55 **30·8**	9·28 **29·5**	9·12 **28·7**	9·01 **28·2**	8·94 **27·9**	8·89 **27·7**	8·85 **27·5**	8·81 **27·3**	8·79 **27·2**	8·74 **27·1**	8·70 **26·9**	8·66 **26·7**	8·64 **26·6**	8·62 **26·5**	8·59 **26·4**	8·57 **26·3**	8·55 **26·2**	8·53 **26·1**
4	7·71 **21·2**	6·94 **18·0**	6·59 **16·7**	6·39 **16·0**	6·26 **15·5**	6·16 **15·2**	6·09 **15·0**	6·04 **14·8**	6·00 **14·7**	5·96 **14·5**	5·91 **14·4**	5·86 **14·2**	5·80 **14·0**	5·77 **13·9**	5·75 **13·8**	5·72 **13·7**	5·69 **13·7**	5·66 **13·6**	5·63 **13·5**
5	6·61 **16·3**	5·79 **13·3**	5·41 **12·1**	5·19 **11·4**	5·05 **11·0**	4·95 **10·7**	4·88 **10·5**	4·82 **10·3**	4·77 **10·2**	4·74 **10·1**	4·68 **9·89**	4·62 **9·72**	4·56 **9·55**	4·53 **9·47**	4·50 **9·38**	4·46 **9·29**	4·43 **9·20**	4·40 **9·11**	4·36 **9·02**
6	5·99 **13·7**	5·14 **10·9**	4·76 **9·78**	4·53 **9·15**	4·39 **8·75**	4·28 **8·47**	4·21 **8·26**	4·15 **8·10**	4·10 **7·98**	4·06 **7·87**	4·00 **7·72**	3·94 **7·56**	3·87 **7·40**	3·84 **7·31**	3·81 **7·23**	3·77 **7·14**	3·74 **7·06**	3·70 **6·97**	3·67 **6·88**
7	5·59 **12·2**	4·74 **9·55**	4·35 **8·45**	4·12 **7·85**	3·97 **7·46**	3·87 **7·19**	3·79 **6·99**	3·73 **6·84**	3·68 **6·72**	3·64 **6·62**	3·57 **6·47**	3·51 **6·31**	3·44 **6·16**	3·41 **6·07**	3·38 **5·99**	3·34 **5·91**	3·30 **5·82**	3·27 **5·74**	3·23 **5·65**
8	5·32 **11·3**	4·46 **8·65**	4·07 **7·59**	3·84 **7·01**	3·69 **6·63**	3·58 **6·37**	3·50 **6·18**	3·44 **6·03**	3·39 **5·91**	3·35 **5·81**	3·28 **5·67**	3·22 **5·52**	3·15 **5·36**	3·12 **5·28**	3·08 **5·20**	3·04 **5·12**	3·01 **5·03**	2·97 **4·95**	2·93 **4·86**
9	5·12 **10·6**	4·26 **8·02**	3·86 **6·99**	3·63 **6·42**	3·48 **6·06**	3·37 **5·80**	3·29 **5·61**	3·23 **5·47**	3·18 **5·35**	3·14 **5·26**	3·07 **5·11**	3·01 **4·96**	2·94 **4·81**	2·90 **4·73**	2·86 **4·65**	2·83 **4·57**	2·79 **4·48**	2·75 **4·40**	2·71 **4·31**
10	4·96 **10·0**	4·10 **7·56**	3·71 **6·55**	3·48 **5·99**	3·33 **5·64**	3·22 **5·39**	3·14 **5·20**	3·07 **5·06**	3·02 **4·94**	2·98 **4·85**	2·91 **4·71**	2·85 **4·56**	2·77 **4·41**	2·74 **4·33**	2·70 **4·25**	2·66 **4·17**	2·62 **4·08**	2·58 **4·00**	2·54 **3·91**
11	4·84 **9·65**	3·98 **7·21**	3·59 **6·22**	3·36 **5·67**	3·20 **5·32**	3·09 **5·07**	3·01 **4·89**	2·95 **4·74**	2·90 **4·63**	2·85 **4·54**	2·79 **4·40**	2·72 **4·25**	2·65 **4·10**	2·61 **4·02**	2·57 **3·94**	2·53 **3·86**	2·49 **3·78**	2·45 **3·69**	2·40 **3·60**
12	4·75 **9·33**	3·89 **6·93**	3·49 **5·95**	3·26 **5·41**	3·11 **5·06**	3·00 **4·82**	2·91 **4·64**	2·85 **4·50**	2·80 **4·39**	2·75 **4·30**	2·69 **4·16**	2·62 **4·01**	2·54 **3·86**	2·51 **3·78**	2·47 **3·70**	2·43 **3·62**	2·38 **3·54**	2·34 **3·45**	2·30 **3·36**
13	4·67 **9·07**	3·81 **6·70**	3·41 **5·74**	3·18 **5·21**	3·03 **4·86**	2·92 **4·62**	2·83 **4·44**	2·77 **4·30**	2·71 **4·19**	2·67 **4·10**	2·60 **3·96**	2·53 **3·82**	2·46 **3·66**	2·42 **3·59**	2·38 **3·51**	2·34 **3·43**	2·30 **3·34**	2·25 **3·25**	2·21 **3·17**
14	4·60 **8·86**	3·74 **6·51**	3·34 **5·56**	3·11 **5·04**	2·96 **4·69**	2·85 **4·46**	2·76 **4·28**	2·70 **4·14**	2·65 **4·03**	2·60 **3·94**	2·53 **3·80**	2·46 **3·66**	2·39 **3·51**	2·35 **3·43**	2·31 **3·35**	2·27 **3·27**	2·22 **3·18**	2·18 **3·09**	2·13 **3·00**
15	4·54 **8·68**	3·68 **6·36**	3·29 **5·42**	3·06 **4·89**	2·90 **4·56**	2·79 **4·32**	2·71 **4·14**	2·64 **4·00**	2·59 **3·89**	2·54 **3·80**	2·48 **3·67**	2·40 **3·52**	2·33 **3·37**	2·29 **3·29**	2·25 **3·21**	2·20 **3·13**	2·16 **3·05**	2·11 **2·96**	2·07 **2·87**

付 表

ϕ_2 \ ϕ_1	1	2	3	4	5	6	7	8	9	10	12	15	20	24	30	40	60	120	∞
16	4.49 8.53	3.63 6.23	3.24 5.29	3.01 4.77	2.85 4.44	2.74 4.20	2.66 4.03	2.59 3.89	2.54 3.78	2.49 3.69	2.42 3.55	2.35 3.41	2.28 3.26	2.24 3.18	2.19 3.10	2.15 3.02	2.11 2.93	2.06 2.84	2.01 2.75
17	4.45 8.40	3.59 6.11	3.20 5.18	2.96 4.67	2.81 4.34	2.70 4.10	2.61 3.93	2.55 3.79	2.49 3.68	2.45 3.59	2.38 3.46	2.31 3.31	2.23 3.16	2.19 3.08	2.15 3.00	2.10 2.92	2.06 2.83	2.01 2.75	1.96 2.65
18	4.41 8.29	3.55 6.01	3.16 5.09	2.93 4.58	2.77 4.25	2.66 4.01	2.58 3.84	2.51 3.71	2.46 3.60	2.41 3.51	2.34 3.37	2.27 3.23	2.19 3.08	2.15 3.00	2.11 2.92	2.06 2.84	2.02 2.75	1.97 2.66	1.92 2.57
19	4.38 8.18	3.52 5.93	3.13 5.01	2.90 4.50	2.74 4.17	2.63 3.94	2.54 3.77	2.48 3.63	2.42 3.52	2.38 3.43	2.31 3.30	2.23 3.15	2.16 3.00	2.11 2.92	2.07 2.84	2.03 2.76	1.98 2.67	1.93 2.58	1.88 2.49
20	4.35 8.10	3.49 5.85	3.10 4.94	2.87 4.43	2.71 4.10	2.60 3.87	2.51 3.70	2.45 3.56	2.39 3.46	2.35 3.37	2.28 3.23	2.20 3.09	2.12 2.94	2.08 2.86	2.04 2.78	1.99 2.69	1.95 2.61	1.90 2.52	1.84 2.42
21	4.32 8.02	3.47 5.78	3.07 4.87	2.84 4.37	2.68 4.04	2.57 3.81	2.49 3.64	2.42 3.51	2.37 3.40	2.32 3.31	2.25 3.17	2.18 3.03	2.10 2.88	2.05 2.80	2.01 2.72	1.96 2.64	1.92 2.55	1.87 2.46	1.81 2.36
22	4.30 7.95	3.44 5.72	3.05 4.82	2.82 4.31	2.66 3.99	2.55 3.76	2.46 3.59	2.40 3.45	2.34 3.35	2.30 3.26	2.23 3.12	2.15 2.98	2.07 2.83	2.03 2.75	1.98 2.67	1.94 2.58	1.89 2.50	1.84 2.40	1.78 2.31
23	4.28 7.88	3.42 5.66	3.03 4.76	2.80 4.26	2.64 3.94	2.53 3.71	2.44 3.54	2.37 3.41	2.32 3.30	2.27 3.21	2.20 3.07	2.13 2.93	2.05 2.78	2.01 2.70	1.96 2.62	1.91 2.54	1.86 2.45	1.81 2.35	1.76 2.26
24	4.26 7.82	3.40 5.61	3.01 4.72	2.78 4.22	2.62 3.90	2.51 3.67	2.42 3.50	2.36 3.36	2.30 3.26	2.25 3.17	2.18 3.03	2.11 2.89	2.03 2.74	1.98 2.66	1.94 2.58	1.89 2.49	1.84 2.40	1.79 2.31	1.73 2.21
25	4.24 7.77	3.39 5.57	2.99 4.68	2.76 4.18	2.60 3.85	2.49 3.63	2.40 3.46	2.34 3.32	2.28 3.22	2.24 3.13	2.16 2.99	2.09 2.85	2.01 2.70	1.96 2.62	1.92 2.54	1.87 2.45	1.82 2.36	1.77 2.27	1.71 2.17
26	4.23 7.72	3.37 5.53	2.98 4.64	2.74 4.14	2.59 3.82	2.47 3.59	2.39 3.42	2.32 3.29	2.27 3.18	2.22 3.09	2.15 2.96	2.07 2.81	1.99 2.66	1.95 2.58	1.90 2.50	1.85 2.42	1.80 2.33	1.75 2.23	1.69 2.13
27	4.21 7.68	3.35 5.49	2.96 4.60	2.73 4.11	2.57 3.78	2.46 3.56	2.37 3.39	2.31 3.26	2.25 3.15	2.20 3.06	2.13 2.93	2.06 2.78	1.97 2.63	1.93 2.55	1.88 2.47	1.84 2.38	1.79 2.29	1.73 2.20	1.67 2.10
28	4.20 7.64	3.34 5.45	2.95 4.57	2.71 4.07	2.56 3.75	2.45 3.53	2.36 3.36	2.29 3.23	2.24 3.12	2.19 3.03	2.12 2.90	2.04 2.75	1.96 2.60	1.91 2.52	1.87 2.44	1.82 2.35	1.77 2.26	1.71 2.17	1.65 2.06
29	4.18 7.60	3.33 5.42	2.93 4.54	2.70 4.04	2.55 3.73	2.43 3.50	2.35 3.33	2.28 3.20	2.22 3.09	2.18 3.00	2.10 2.87	2.03 2.73	1.94 2.57	1.90 2.49	1.85 2.41	1.81 2.33	1.75 2.23	1.70 2.14	1.64 2.03
30	4.17 7.56	3.32 5.39	2.92 4.51	2.69 4.02	2.53 3.70	2.42 3.47	2.33 3.30	2.27 3.17	2.21 3.07	2.16 2.98	2.09 2.84	2.01 2.70	1.93 2.55	1.89 2.47	1.84 2.39	1.79 2.30	1.74 2.21	1.68 2.11	1.62 2.01
40	4.08 7.31	3.23 5.18	2.84 4.31	2.61 3.83	2.45 3.51	2.34 3.29	2.25 3.12	2.18 2.99	2.12 2.89	2.08 2.80	2.00 2.66	1.92 2.52	1.84 2.37	1.79 2.29	1.74 2.20	1.69 2.11	1.64 2.02	1.58 1.92	1.51 1.80
60	4.00 7.08	3.15 4.98	2.76 4.13	2.53 3.65	2.37 3.34	2.25 3.12	2.17 2.95	2.10 2.82	2.04 2.72	1.99 2.63	1.92 2.50	1.84 2.35	1.75 2.20	1.70 2.12	1.65 2.03	1.59 1.94	1.53 1.84	1.47 1.73	1.39 1.60
120	3.92 6.85	3.07 4.79	2.68 3.95	2.45 3.48	2.29 3.17	2.18 2.96	2.09 2.79	2.02 2.66	1.96 2.56	1.91 2.47	1.83 2.34	1.75 2.19	1.66 2.03	1.61 1.95	1.55 1.86	1.50 1.76	1.43 1.66	1.35 1.53	1.25 1.38
∞	3.84 6.63	3.00 4.61	2.60 3.78	2.37 3.32	2.21 3.02	2.10 2.80	2.01 2.64	1.94 2.51	1.88 2.41	1.83 2.32	1.75 2.18	1.67 2.04	1.57 1.88	1.52 1.79	1.46 1.70	1.39 1.59	1.32 1.47	1.22 1.32	1.00 1.00

付表8　　F 表 (2.5%)

$F(\phi_1, \phi_2; 0.025)$

(分子の自由度 ϕ_1, 分母の自由度 ϕ_2 の F 分布の上側 2.5%の点を求める表)

ϕ_1\\ϕ_2	1	2	3	4	5	6	7	8	9	10	12	15	20	24	30	40	60	120	∞
1	648.	800.	864.	900.	922.	937.	948.	957.	963.	969.	977.	985.	993.	997.	1001.	1006.	1010.	1014.	1018.
2	38.5	39.0	39.2	39.2	39.3	39.3	39.4	39.4	39.4	39.4	39.4	39.4	39.4	39.5	39.5	39.5	39.5	39.5	39.5
3	17.4	16.0	15.4	15.1	14.9	14.7	14.6	14.5	14.5	14.4	14.3	14.3	14.2	14.1	14.1	14.0	14.0	13.9	13.9
4	12.2	10.6	9.98	9.60	9.36	9.20	9.07	8.98	8.90	8.84	8.75	8.66	8.56	8.51	8.46	8.41	8.36	8.31	8.26
5	10.0	8.43	7.76	7.39	7.15	6.98	6.85	6.76	6.68	6.62	6.52	6.43	6.33	6.28	6.23	6.18	6.12	6.07	6.02
6	8.81	7.26	6.60	6.23	5.99	5.82	5.70	5.60	5.52	5.46	5.37	5.27	5.17	5.12	5.07	5.01	4.96	4.90	4.85
7	8.07	6.54	5.89	5.52	5.29	5.12	4.99	4.90	4.82	4.76	4.67	4.57	4.47	4.42	4.36	4.31	4.25	4.20	4.14
8	7.57	6.06	5.42	5.05	4.82	4.65	4.53	4.43	4.36	4.30	4.20	4.10	4.00	3.95	3.89	3.84	3.78	3.73	3.67
9	7.21	5.71	5.08	4.72	4.48	4.32	4.20	4.10	4.03	3.96	3.87	3.77	3.67	3.61	3.56	3.51	3.45	3.39	3.33
10	6.94	5.46	4.83	4.47	4.24	4.07	3.95	3.85	3.78	3.72	3.62	3.52	3.42	3.37	3.31	3.26	3.20	3.14	3.08
11	6.72	5.26	4.63	4.28	4.04	3.88	3.76	3.66	3.59	3.53	3.43	3.33	3.23	3.17	3.12	3.06	3.00	2.94	2.88
12	6.55	5.10	4.47	4.12	3.89	3.73	3.61	3.51	3.44	3.37	3.28	3.18	3.07	3.02	2.96	2.91	2.85	2.79	2.72
13	6.41	4.97	4.35	4.00	3.77	3.60	3.48	3.39	3.31	3.25	3.15	3.05	2.95	2.89	2.84	2.78	2.72	2.66	2.60
14	6.30	4.86	4.24	3.89	3.66	3.50	3.38	3.29	3.21	3.15	3.05	2.95	2.84	2.79	2.73	2.67	2.61	2.55	2.49
15	6.20	4.77	4.15	3.80	3.58	3.41	3.29	3.20	3.12	3.06	2.96	2.86	2.76	2.70	2.64	2.59	2.52	2.46	2.40
16	6.12	4.69	4.08	3.73	3.50	3.34	3.22	3.12	3.05	2.99	2.89	2.79	2.68	2.63	2.57	2.51	2.45	2.38	2.32
17	6.04	4.62	4.01	3.66	3.44	3.28	3.16	3.06	2.98	2.92	2.82	2.72	2.62	2.56	2.50	2.44	2.38	2.32	2.25
18	5.98	4.56	3.95	3.61	3.38	3.22	3.10	3.01	2.93	2.87	2.77	2.67	2.56	2.50	2.44	2.38	2.32	2.26	2.19
19	5.92	4.51	3.90	3.56	3.33	3.17	3.05	2.96	2.88	2.82	2.72	2.62	2.51	2.45	2.39	2.33	2.27	2.20	2.13
20	5.87	4.46	3.86	3.51	3.29	3.13	3.01	2.91	2.84	2.77	2.68	2.57	2.46	2.41	2.35	2.29	2.22	2.16	2.09
21	5.83	4.42	3.82	3.48	3.25	3.09	2.97	2.87	2.80	2.73	2.64	2.53	2.42	2.37	2.31	2.25	2.18	2.11	2.04
22	5.79	4.38	3.78	3.44	3.22	3.05	2.93	2.84	2.76	2.70	2.60	2.50	2.39	2.33	2.27	2.21	2.14	2.08	2.00
23	5.75	4.35	3.75	3.41	3.18	3.02	2.90	2.81	2.73	2.67	2.57	2.47	2.36	2.30	2.24	2.18	2.11	2.04	1.97
24	5.72	4.32	3.72	3.38	3.15	2.99	2.87	2.78	2.70	2.64	2.54	2.44	2.33	2.27	2.21	2.15	2.08	2.01	1.94
25	5.69	4.29	3.69	3.35	3.13	2.97	2.85	2.75	2.68	2.61	2.51	2.41	2.30	2.24	2.18	2.12	2.05	1.98	1.91
26	5.66	4.27	3.67	3.33	3.10	2.94	2.82	2.73	2.65	2.59	2.49	2.39	2.28	2.22	2.16	2.09	2.03	1.95	1.88
27	5.63	4.24	3.65	3.31	3.08	2.92	2.80	2.71	2.63	2.57	2.47	2.36	2.25	2.19	2.13	2.07	2.00	1.93	1.85
28	5.61	4.22	3.63	3.29	3.06	2.90	2.78	2.69	2.61	2.55	2.45	2.34	2.23	2.17	2.11	2.05	1.98	1.91	1.83
29	5.59	4.20	3.61	3.27	3.04	2.88	2.76	2.67	2.59	2.53	2.43	2.32	2.21	2.15	2.09	2.03	1.96	1.89	1.81
30	5.57	4.18	3.59	3.25	3.03	2.87	2.75	2.65	2.57	2.51	2.41	2.31	2.20	2.14	2.07	2.01	1.94	1.87	1.79
40	5.42	4.05	3.46	3.13	2.90	2.74	2.62	2.53	2.45	2.39	2.29	2.18	2.07	2.01	1.94	1.88	1.80	1.72	1.64
60	5.29	3.93	3.34	3.01	2.79	2.63	2.51	2.41	2.33	2.27	2.17	2.06	1.94	1.88	1.82	1.74	1.67	1.58	1.48
120	5.15	3.80	3.23	2.89	2.67	2.52	2.39	2.30	2.22	2.16	2.05	1.94	1.82	1.76	1.69	1.61	1.53	1.43	1.31
∞	5.02	3.69	3.12	2.79	2.57	2.41	2.29	2.19	2.11	2.05	1.94	1.83	1.71	1.64	1.57	1.48	1.39	1.27	1.00

索　引

あ　行

アーラン分布　69
一意性の定理　82
一様密度関数　31
一般2項係数　54
上側 $100\alpha\%$ 点　64
上側信頼限界　127

か　行

概収束　91
階乗積率　79, 81
階乗積率母関数　80
階乗モーメント　79
解析的　83
カイ2乗分布　69
確信度　129
確率　8
確率関数　33
確率空間　8
確率収束　92
確率測度　8
確率の樹　24
確率の基本公式　9
確率分布　33
(確率)分布表　33
確率分布関数　34
確率ベクトル　37
確率変数　27
確率変数の四則演算　36
確率母関数　78
確率密度関数　31
確率モデル　8
可算無限集合　7

可測空間　6
片側検定　143
完全加法族　6
ガンマ分布　68
幾何級数　77
幾何分布　57
棄却域　138
帰無仮説　135
キュムラント　79
キュムラント母関数　79
共分散　46
空事象　3
偶然誤差　111
区間推定　126
組み合わせの総個数　50
系統的誤差　111
検出力　137
検定統計量　142
検定ルール　135
コーシー・シュワルツの不等式　47
コルモゴロフ　6
コルモゴロフの大数の強法則　97

さ　行

最小分散性　113
再生性　60
最尤推定値　122
最尤法　121
事後確率　24
事象　7
事象の基本公式　4
指数型母関数　77
指数関数　78
指数分布　68

173

指数密度関数　32
事前確率　24
下側信頼限界　126
指数関数　77
集合　2
自由度　69
条件付き確率　18
条件付き確率の基本公式　18
信頼区間　126
信頼係数　126
信頼率　126
推定値　106, 107, 108, 110
推定量　107, 108, 110
数学的帰納法　13
正規標本定理　116
正規分布　64
正規母集団　116
正規密度関数　32, 64
整級数　77
積事象　3
積率　79, 80
積率母関数　79
絶対積率　81
全確率の定理　22
漸近分布　98
線形性　46
全事象　3
尖度　84, 90
相関係数　47

た　行

第Ⅰ種の誤り　136
大数の強法則　96
大数の弱法則　95
対数尤度　123
第Ⅱ種の誤り　136
対立仮説　135
互いに独立　45

互いに排反　3
単一事象　2
単純なポアソン近似　61
チェビシェフの不等式　48, 94
中心極限定理　101
中心積率　81
超幾何分布　57
通常母関数　77
テイラー展開　78, 83
デルタ法　101
統計的仮説　135
統計的検定法　135
統計量　110
独立　21, 22, 44, 45, 95
ド・モアブル＝ラプラスの中心極限定理　100
ド・モルガンの法則　5

な　行

2項公式　77
2項定理　55, 77
2項分布　53

は　行

バイアス　111
パスカル分布　55
パラメータ　53, 110
非復元抽出　19
標準化された確率変数　47
標準正規分布　64
標準正規密度関数　64
標本空間　2
標本分散　116
標本平均　116
ブールの不等式　13
復元抽出　22
複合事象　3
負の2項分布　54, 55, 57

部分事象　3
不偏性　112
不偏分散　116
不連続修正　67
不連続補正　67
分割　22
分散　39, 43
分散安定化変換　102
平均値　39, 43
平均 2 乗誤差　113
ベイズの定理　22
ベータ確率　137
ベキ級数　77
ベルヌーイ試行　49
ベルヌーイ分布　53
ベン図　9
ポアソン分布　59
包除原理　12
法則収束　93
母集団　110
母数　53, 110
ほとんど至るところ収束する　91
ボンフェローニの不等式　12

ま　行

待ち合わせ時間の分布　55
マルコフの不等式　46
密度関数　32
無限事象列　10
無限積分　31
無作為抽出　110
モーメント　80
モーメント法　98, 120
モーメント母関数　79
モーメント問題　85

や　行

有意水準　136
尤度 (関数)　122
尤度方程式　123
余事象　3

ら　行

離散型　28
離散型確率変数　28
離散集合　6
両側検定　143
レヴィ＝リンドバーグの中心極限定理
　　101
連続型　29
連続型確率変数　28
連続修正　67
連続性の定理　100
連続補正　67

わ　行

歪度　84, 90
和事象　3

欧　字

Bolshev-Gladkov-Shcheglova の近似
　　61
F 分布　73
Hamberger の定理　85
Johnson-McMillan の近似式　72
P 値　139
t 検定　145
t 分布　71
u 検定　143
Wilson-Hilferty の近似式　70

著者略歴

中 村 　 　 忠
　なか　　むら　　　　ただし

1974 年　広島大学大学院理学研究科（修士課程）修了
現　　在　岡山理科大学総合情報学部教授　理学博士

主要著書

話題源数学（上）
　　吉田　稔・飯島　忠　編集代表，共著（東京法令出版，1989）

山 本 英 二
　やま　もと　えい　じ

1973 年　大阪大学大学院基礎工学研究科（修士課程）修了
現　　在　岡山理科大学総合情報学部教授　工学博士

数学基礎コース＝S10
理工系　確率統計
－データ解析のために－

2002 年 1 月 25 日　ⓒ　　　　初　版　発　行
2012 年 2 月 25 日　　　　　　初版第 6 刷発行

著　者　中村　　忠　　　　　発行者　木下　敏孝
　　　　山本英二　　　　　　印刷者　杉井康之
　　　　　　　　　　　　　　製本者　関川安博

発行所　　株式会社　サイエンス社

〒 151–0051　東京都渋谷区千駄ヶ谷 1 丁目 3 番 25 号
営業　☎ (03) 5474–8500（代）　振替 00170-7-2387
編集　☎ (03) 5474–8600（代）
FAX　☎ (03) 5474–8900

印刷　　（株）ディグ　　　　製本　（株）関川製本所

《検印省略》
本書の内容を無断で複写複製することは，著作者および
出版者の権利を侵害することがありますので，その場合
にはあらかじめ小社あて許諾をお求め下さい．

ISBN4–7819–1000–9
PRINTED IN JAPAN

サイエンス社のホームページのご案内
http://www.saiensu.co.jp
ご意見・ご要望は
rikei@saiensu.co.jp　まで．